理想的村居

——乡村居住环境评价体系研究

谌凤莲 ◎ 著

西南交通大学出版社

·成　都·

图书在版编目（ＣＩＰ）数据

理想的村居：乡村居住环境评价体系研究 / 谌凤莲
著. —成都：西南交通大学出版社，2020.10
ISBN 978-7-5643-7664-2

Ⅰ.①理… Ⅱ.①谌… Ⅲ.①农村 – 居住环境 – 环境
质量评价 – 研究 Ⅳ.①X821

中国版本图书馆 CIP 数据核字（2020）第 182092 号

Lixiang de Cunju
——Xiangcun Juzhu Huanjing Pingjia Tixi Yanjiu

理想的村居
——乡村居住环境评价体系研究

谌凤莲　著

责 任 编 辑	罗爱林
封 面 设 计	阎冰洁
出 版 发 行	西南交通大学出版社
	（四川省成都市金牛区二环路北一段 111 号
	西南交通大学创新大厦 21 楼）
发行部电话	028-87600564　028-87600533
邮 政 编 码	610031
网　　　址	http://www.xnjdcbs.com
印　　　刷	四川煤田地质制图印刷厂
成 品 尺 寸	170 mm × 230 mm
印　　　张	8
字　　　数	96 千
版　　　次	2020 年 10 月第 1 版
印　　　次	2020 年 10 月第 1 次
书　　　号	ISBN 978-7-5643-7664-2
定　　　价	68.00 元

序

在我国古代，文人墨客多有"村居"或"隐居"的情结，也因此写出了许多脍炙人口的描写村居生活和乡村美景的诗句。比如，唐代孟浩然有一首诗《过故人庄》，诗文如下：故人具鸡黍，邀我至田家。绿树村边合，青山郭外斜。开轩面场圃，把酒话桑麻。待到重阳日，还来就菊花。整首诗都在写乡村居住环境的特点，给人以心旷神怡之感。清代的高鼎写过一首《村居》，诗文如下：草长莺飞二月天，拂堤杨柳醉春烟。儿童散学归来早，忙趁东风放纸鸢。读此诗时，古代的乡村居住环境如在眼前，当时的乡村生活气息也扑面而来。这些诗文不仅表达出文人墨客们对"乡居"的向往，也在某种程度上表现出当时乡村居民对于自己的居住环境还是比较满意的。

然而时过境迁，随着近现代的人类文明比较集中地在城市当中展开，城市环境有了日新月异的变化，而乡村居住环境的发展相对就滞后许多。在近代历史中的一段时期，"乡村"变成了"落后"的代名词。人们对乡村居住环境的印象，通常会用一些两极分化的词语来概括。比如：美丽与粗陋；清净与偏僻；勤劳与落后；朴实与艰辛等。然而对于乡村的居住环境，每个人都会有发自内心的评价。人们的立足点和评价标准五花八门，从而得出的结论也就不同。这些评价结论可以被概括为正面评价和负面评价两种。持有正面评价意见的人中间，一部分人是从欣赏自然风光的角度，认为乡村居住环境是美丽的；还有一部分人是从休养生息、修身养性的角度，认为乡村居住环境是清净的；另外还有一部分人是从乡村居民人格特征的角度，认为乡村居住环境是朴实的。而持有负面评价的人中，一部分人是从经济发展的角度进行评价，认为乡村居住环境比较落后；还有一部分人是从居民综合素质的角度进行评价，认为乡村居住环境的建设水平比较低；另外还有一部分人是从生态保护的角度进行评价，认为乡村居住环境还有较大的提升空间。如此种种，不胜枚举。

正是因为乡村居住环境的评价标准不统一，才造成人们对于乡村居住环境的不同认知与各种相悖的结论。

在乡村经济建设大力发展的今天，需要从理论上建立一套相对完整的乡村居住环境评价体系，以有助于制定乡村建设的各项标准和规范。

在很长一段历史时期，我国的乡村建设处于低水平阶段。各级政府与全国人民对于乡村居住环境的关注度比较低。即使许多人意识到了乡村居住条件较差、居住模式不理想，也较少有人去努力改善。近几年来，随着国内各项事业的进步和提升，尤其是旅游事业的蓬勃发展，促使越来越多的人开始关注乡村生活和居住环境的整体水平，这也促使学者们开始以更加宜居的角度来重新规划和建设乡村。

大同村——中国西南部的一个小村庄，也是笔者出生的地方。那里山不太高，水不太深，是中国广袤土地上的一处最为普通的乡村。18岁之前，笔者一直是那个村庄中的一名普通村民。1997年，笔者考上了位于成都市区的一所大学——西南交通大学。根据当时的政策，办入学手续时，户口就被迁出了乡村，并且落户到了成都。自此以后，我就变成了城市居民。一转眼，20多年过去了。在匆匆忙忙的城市生活中，乡村生活的点点滴滴不时在头脑中闪现。无论是美好的记忆还是其中的艰难困苦，都会影响如今的自己。

20 世纪 80 年代，乡村的生活节奏还比较慢，那时笔者心中总觉得每一天都很漫长。现在回想起来，这种心情或许是因为以下几个原因：

第一，当时的农业劳动工具和生产方式比较落后，乡村生活比较简单。

第二，乡村环境中几乎没有可供儿童休闲、娱乐的设施，玩耍的场地可能就只是庄稼地和晒场，玩具就是地边的土块和手边的农产品。提供给儿童的饮食比较单一，零食就更加缺乏。

第三，乡村的孩子虽然未成年，但依然需要承担一定的家务劳动和农业生产劳动。

自笔者开始研究环境设计的相关课题，就越来越意识到：在生产力快速发展的今天，城市居住环境的设计与规划已经比较细致与深入，而乡村居住环境的设计与规划还未真正起步，乡村环境设计还是一块未曾开发的领域。

在学术研究方面，学术界也开始关注乡村居住环境。比较明显的一点就是，教育部把高等院校的城市规划专业更名为"城乡规划专业"。虽然只是"一字之差"，但这一个专业名称的变动却体现了国家发展战略与学术研究关注点的变化。以目前的社会发展规律来判断，乡村的居住环境建设正在发展，需要更完善的理论体系来指导，也需要更多的规划和设计人员投身其中。

回顾乡村居住环境发展的历程，有一个地方是必然会被提及的，那就是：号称天下第一村的华西村。华西村原本只是一个普通的南方村落，但经过 40 年的不断建设之后，它被建成了一个"有青山、有湖面、有高速公路、有航道、有隧道、有直升机场"的崭新的村镇。在村民眼中，华西村发生了八大变化：一是村民变"灵"，村民的受教育程度大幅度提高；二是村庄变新；三是土地变多；四是产品变精；五是集体变富；六是生活变好；七是贡献变大；八是环境变美。

如今，华西村的村民人均年收入超过了许多大城市的居民人均年收入。村中居民的经济收入与居住环境也十分优越。然而，需要研究者注意的是：华西村已经不是真正意义上的乡村。它俨然成了一座小型城市。当地村民的生产也与农业生产的关联性不大。而村民的日常生活与城市居民的生活方式没多大差别。

也就是说，华西村是一个把乡村环境变成城市环境的实例，它的发展模式不能被所有的乡村效仿。

在研究乡村居住环境评价体系之始，需要明确的一点就是：我们要创造的不是与城市生活形态一般无二的环境评价体系，而是要找寻出适合乡村居住形态的环境评价体系。

研究者需要充分认识到乡村生活和城市生活的不同之处。乡村居住模式需要与乡村生产劳动的特点相协调。乡村居住环境评价体系的构建也应当立足于乡村特有的生产与生活模式，在此基础上再适当考虑其他因素，如城市务工、商业活动及其他经济发展模式的需求。

那么，即将构建的这一套完整的乡村居住环境评价体系，既需要符合目前乡村经济建设水平，还需要随着经济发展水平的提高而可持续发展。

目录

1 绪论：关于乡村居住环境评价体系的争论

◎城镇化对乡村居住环境评价体系有何影响？

◎乡村居住人口的数量与质量对乡村建设有何影响？

◎乡村居住环境的特点是否需要被保护？

国家统计局 2019 年 2 月 28 日在官网上发布了《2018 年国民经济和社会发展统计公报》，报告中指出：截至 2018 年年末，中国大陆总人口有 13.953 8 亿人。其中城镇常住人口 8.313 7 亿人，比 2017 年年末增加 1 790 万人；乡村常住人口 5.640 1 亿人，减少了 1 260 万人；城镇人口占总人口比重（城镇化率）为 59.58%，比 2017 年年末提高了 1.06 个百分点。从这些数据分析获知：一方面，乡村人口确实在逐年减少；另一方面，乡村常住人口仍然是一个庞大的数字。这些分布在广阔的乡村环境中的人口还掌控着我国一大半可使用的土地，所以乡村环境建设势在必行。又因为乡村面积广阔、人员分散，所以对乡村居住环境的治理依然是一项非常繁杂而艰巨的任务。农村土地广阔而复杂，既有农业用地，又包含其他设施，其建设任务繁杂而艰巨。（见图 1.1）

图 1.1　乡村现有居住环境

　　乡村居住环境决定乡村居民的生活水平和生活质量（见图 1.2）。随着基础设施建设等相关工作逐步向乡村推进，建设者们也开始关注乡村的居住环境建设。政府陆续提出了"建设社会主义新农村"和"乡村振兴战略"等众多有利于乡村建设的大政方针。乡村居住环境建设在全国范围内呈现出一派欣欣向荣的景象。在当前大规模的乡村规划和建设过程中，学术界需要构建起一套通俗易懂、简便易行的乡村居住环境评价体系，用以指导乡村规划与各项建设。

图 1.2　四川广元民居（体现了村民生活水平的乡村居住环境）

其实，关于乡村各类建设的阶段性硬性指标，政府已经做出了相应的规定。各级政府也在试图有序地进行乡村居住环境建设。2004 年，国家统计局农调总队与中央政策研究室乡村局成立了联合课题组，他们制定了《乡村全面小康评价指标体系》，共 6 个方面 18 个评价指标。其调查结果主要包括：农民人均可支配收入 6 000 元，第一产业劳动力比重低于 35%，乡村小城镇人口比重 35%，乡村合作医疗覆盖率达到 90%，乡村养老保险覆盖率达到 60%，万人农业科技人员数 4 人，乡村居民收入的基尼系数为 0.3～0.4，乡村人口平均受教育年限 9 年，平均预期寿命 75 岁，恩格尔系数 0.4 以下，居住质量指数 75%，农民文化娱乐消费支出比重 7%，农民生活信息化程度 60%，农民社会安全满意度 85%，常用耕地面积动态平衡，森林覆盖率 23%，万元农业 GDP 用水量 1 500 立方米。

该报告明确提出乡村建设主要包括 6 个方面的内容：人口、自然、经济、社会、政治和生活质量（见图 1.3）。

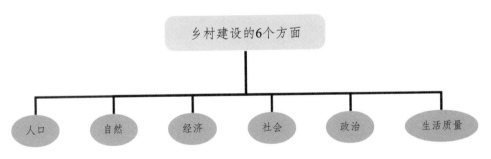

图 1.3　乡村建设的 6 个方面

该报告中提出的乡村小康社会的 6 类评价指标，分别是：经济发展指标、社会发展指标、人口素质指标、生活质量指标、民主法治指标和可持续发展指标。它们之间的关系如图 1.4 所示。

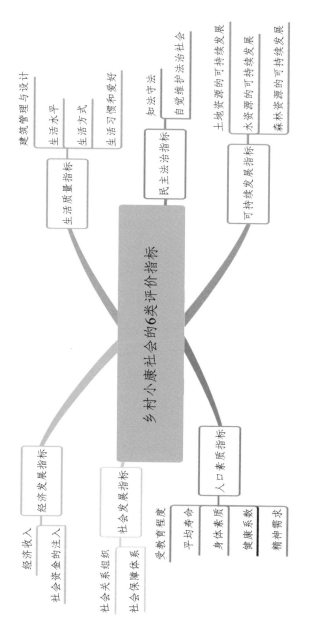

图 1.4　乡村小康社会的 6 类评价指标

按照这些指标来判断现阶段的乡村建设水平，可以得出以下结论：在过去的 20 年间，我国的乡村建设取得了可喜的成绩，乡村居民的生活水平也得到了很大的提高。然而，与城市相比，乡村居住环境的总体水平依然较低。乡村居民的经济收入提高了，但消费水平没有提高；乡村的住宅面积扩大了，但住宅的建筑质量并不高；乡村居民的业余时间增多了，但休闲娱乐设施仍缺乏；乡村居民的平均寿命变长了，但人际交流越来越少，留守儿童和留守老人的问题也比较突出；随着老龄化社会的加剧，农村养老机制不够健全以及养老理念相对滞后，都可能形成新的社会问题。

　　从《乡村全面小康评价指标体系》中可以看出：乡村建设中需要解决的问题，不仅仅是经济建设问题，还包括其他层面的问题。目前，国家制定的乡村社会评价指标体系中的各种评价指标基本属于可控的硬性指标。为了进一步推进乡村环境的建设，必须对这些指标进行具体的细化。研究者细化乡村社会评价指标的过程其实就是对乡村居民细致关怀的过程。

　　目前一部分学者着力研究"城乡一体化"的建设评价指标体系，他们在"城乡一体化"建设和发展的过程中得出了许多重要的成果。比如：一些学者在做村镇规划时，研究并使用了具有地方特色的城市化评价体系；还有一些学者研究了农村居民进城务工后出现的居住问题、子女上学问题、社会保障等问题，并提出了一些改进措施。这些研究一方面促进了社会的整体进步，另一方面也向后续的研究者提出了新的问题，促使学术界去认真思考：在城乡生产与生活模式都存在巨大差异的前提下，构建一套城乡同步的评价指标体系的合理性和可行性。评价体系中的某些指标适用于城市的居住环境和生活方式，却不一定适合乡村的居住环境和生活方式。

对于居住评价体系的研究,不少学者以马斯洛的"需求层次论"为依据,认为评价指标中应该依次具有生理需求、安全需求、社交需求、尊重需求和自我实现需求。"需求层次论"中的这 5 种需求是由低到高、呈金字塔状排列的。人们只有实现了较低层次的需求,才会出现较高层次的需求。

　　由此理论可以推导出乡村居民的"需求层次"。乡村居民的需求也可以分为由低到高 5 个层次。最低层次的需求是生理需求,包括基本住房保障、温饱与婚恋(见图 1.5);第二个层次是安全需求,

图 1.5　乡村住宅样式体现村民生活需求

包括社会福利与医疗卫生保障；第三个层次是社交需求，包括邻里关系和亲族关系的社会交往；第四个层次是尊重需求，包括村民的身份认同、爱与尊重需求；第五个层次是实现自我价值的需求，包括乡村价值体系与村民对幸福生活的构建。通过分析"需求层次论"可以看出，乡村居民的经济收入是整个需求体系的基石，而社会保障体系是整个需求层次的节点；社会价值体系和精神引领是高层次的需求元素。而在所有的指标中，村民的受教育程度起着关键的作用。

在乡村居住环境中，经济基础制约着人们的需求。村民的经济收入从根本上影响着他们的需求层次和种类。在我国，城市经济的发展与乡村经济的发展是不同步的。城市的经济发展水平远远高于乡村的经济发展水平。目前，城市居民总体的需求层次要高于乡村居民的需求层次。如果在城市建设和乡村建设中使用同步的评价体系，势必造成建设资源的浪费，这显然是不合理的。

随着越来越多的研究者开始关注乡村居住环境的规划与设计，关于乡村环境的许多争论也激烈起来。归纳起来，主要包括以下几个方面。（见图 1.6）

第一个方面：关于乡村居住环境的次要性和重要性的争论。

第二个方面：关于乡村居住环境的无序化和有序化的争论。

第三个方面：关于乡村居住环境的美观性和实用性的争论。

第四个方面：关于乡村居住环境建设的偶然性与必然性的争论。

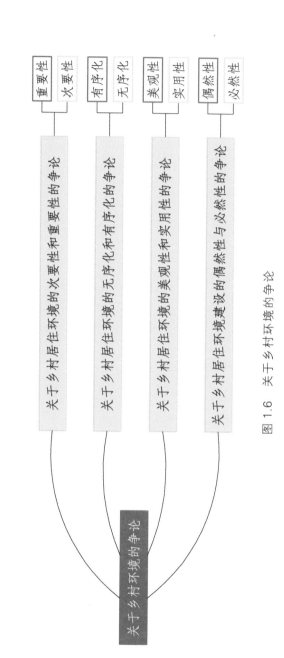

图 1.6　关于乡村环境的争论

1.1 乡村居住环境的次要性和重要性

在过去的几十年里，我国经济的发展重心是城市，而城市也是人口密集的区域。因此，学者们首先关注城市环境，并制定出相应的城市居住评价指标体系。这样做符合社会发展的规律。如今，乡村经济开始快速发展，乡村的生态环境和居住环境也在发生深刻的变化。从现在起，关注乡村居住环境，制定出切实可行的乡村居住环境评价体系，也符合社会发展的要求。

1.1.1 乡村居住环境的次要性

过去，城市环境建设一直是国家建设事业的重点扶持对象。城市居住环境受到了极大的重视。城市居住环境的评价体系也因此得到了极大的完善。城市建设的规划、建设与维护，都是在城市环境的评价体系框架下进行的。这就保障了城市环境的可持续发展和健康发展。对于城市建设来说，城市居住环境的评价体系是重要的。

在特定的历史时期，乡村的居住环境建设被忽略了，总体上处于次要地位。正是在这种历史背景下，乡村居住环境评价体系研究相对滞后。

1.1.2 乡村居住环境的重要性

想要建立一个全民幸福的社会，那么乡村居住环境的建设就是建设者们必须攻克的难关。因此，乡村居住环境建设的重要性也逐渐显现出来。在乡村居住环境的建设大潮来临之前，研究者必须尽快建立起一套通俗易懂的、易于执行的、因地制宜的乡村居住环境评价体系。

俗语说得好：兵马未动，粮草先行。在环境建设之初，最需要的就是合理地规划蓝图。而规划蓝图又需要科学的评价体系加以指导。因此，建立科学的乡村居住环境评价体系就成为最迫切的事情。

1.2 乡村居住环境的无序化和有序化

乡村建设的许多特点是独有的，如建设面积广阔、建设经费不足、社会基层组织权利较大、对民众的约束力较弱、基础设施薄弱、管理人才稀缺等。这些特点都造成了乡村居住环境的无序化。这种"无序"在乡村一直存在。但建设者们已意识到无序建设带来的资源浪费。故而，学者们试图把城市规划的一套理论运用于乡村建设，因此提出了"城乡规划"这一专业的概念。总之，许多人都在努力研究，试图把乡村的各项建设纳入有序化的范畴。

1.2.1 乡村居住环境的无序化

乡村居住环境体现在多个方面，如住宅、交通、商业、教育、医疗、卫生、娱乐休闲、社会保障等，这些因素环环相扣，互为支撑。然而，在乡村居住环境的建设过程中，这些环节或多或少地存在着无序化问题。出现这种情况的重要原因是，乡村建设领域曾经长期处于管理机制松散和缺少专业管理人员的状态。

第一，乡村居民的住宅建设存在无序化。20世纪80年代到21世纪20年代的40年间，随着改革开放的推进，乡村经济得到发展。乡村居民的经济收入得到提高，有能力改善自己原有的居住条件。有的村民耗费毕生所得，在宅基地上兴建了住房。按理说，从此就可以安居乐业。然而事实并非如此。首先，因为农村劳动力进城务工，造成绝大多数乡村住房空置。其次，由于乡村安全保卫措施较差，经济富裕的村民也不敢购置和使用比较贵重的物品，如高级家电、家具和日用品等。又因为乡村缺少专业的设计人才和设计服务，所以，住宅建设缺乏科学合理的设计，在结构、造型及功能设计方面都不够理想。最后，因为生活习惯和文化知识等因素，造成室内生活设施相对简陋，不能满足现代生活的需求。综上所述，大量的村居并未真正意义上提高村民的居住水平。（见图1.7）

图1.7　北方山区的自然村落（布局较松散、道路较狭窄）

总体上来说，乡村住宅的设计是无序的。传统民居的居住模式已经不太符合现代家庭的生活模式，因此，各地的传统民居式样几近失传。目前，村民修建住房不需要规划，也不由建设部门事先审核其设计方案。村民不愿采用传统式样，一般由当地的工匠设计建造住房。而这些工匠大多采用的是从城市的建筑工地中学来的建筑样式。这也就造成了乡村居住建筑设计方面的无序化。

第二，交通建设存在无序化。乡村道路体系的搭建是乡村环境建设中非常重要的一环。这一部分的建设在近 20 年来逐步发展。从最初的村民自建道路到集体组织修建，再到政府统一规划。这是一个逐渐从无序化转向有序化的过程。在乡村交通建设过程中，乡村道路逐渐从无到有，从"有"变"优"，在这个过程中，经历了一次又一次修建和改建。乡村道路以方便乡村居民的出行和生产劳动为目的。目前，基本上实现了村村通公路，正在逐步实现户户通公路。

第三，商业网点的建设存在无序化。商业一直是乡村建设中比较薄弱的环节。目前乡村的商业网点有以下几种类型：村落中的小卖部、乡镇上的集市、县城中的商业街。村民需要购物时，可以在本村的小卖部购得小件的商品。由于缺乏有效监管，这些商品的品质不高，有时甚至连基本质量也因为缺少监管而得不到保障。乡镇上的集市一般是定期召开，如每逢农历尾数为二、五、八的日子赶这个乡镇的集市，农历尾数为一、四、七的日子赶另一个相邻乡镇的集市。在赶集日，村民会自发地把家中可以出售的东西拿到集市上贩卖，也可以从集市上买回自己需要的东西。这既是流传千年的民俗传统，也是乡村生活的特色。（见图 1.8）

图 1.8　在南方某乡镇街道上赶集的人们

　　毋庸置疑，这种乡镇集市是有效的乡村商业交流模式，但是，在这些商业活动中依然缺少有效的市场组织和质量监管。正是看到乡镇集市缺少质量监管这一点，一些居心不良的不法商贩就瞄准了乡村市场，各处游荡兜售假冒伪劣商品，而受害者自然就是那些来集市上购物的乡村居民。可以说，为了使乡村商业健康有序发展，整治乡村商业建设中的各种不法行为刻不容缓。

第四，教育发展也存在无序化。在乡村建设中，教育是政府最先重视的一部分。几十年来，随着义务教育制度的深入落实，乡村人口的受教育程度得到了较大提升。虽然如此，乡村环境中受过高等教育的人口比例仍然极低。造成这一现象的原因不是乡村学生考不上大学，而是考上大学的很多学生不愿再回到乡村。因此，乡村环境中的高素质人才极其稀缺。而要搞好建设，人才是第一位的，同时乡村居民的自身素质也非常重要。人才流失，在城市中是受到重视的，但在乡村却被认为是理所应当的。过去，教育的口号中有一条是："学好本领，建设祖国。"在这种思想指引下，乡村的孩子们学成之后大多奔赴祖国各地。如今乡村建设需要大量的人才，那么是否应该号召学生们："学好本领，建设家乡。"乡村应该吸引更多的人才返乡，建设家乡。这样更有助于真正实现建设现代化乡村的目标。

第五，医疗保障体系建设曾经是乡村环境的盲区。在中国广大的乡村，"看病"一直是困扰村民的一大难题。乡村基础医疗设施的匮乏、乡村基层医护人员的缺乏都是长期存在的问题。在部分相对偏远的地区，依然有不少人因为生小病未及时医治而出现伤亡。受过正规医学院教育的人才，只有少部分愿意到乡村基层医疗单位工作。医护人才缺乏导致乡村医疗条件得不到根本改善，进而导致乡村医疗秩序在源头上处于无序化的状态。

第六，卫生设施建设存在无序化。说到乡村的卫生条件，许多人都会认为乡村环境不卫生。乡村的生产方式决定了乡村环境中存在着不可避免的复杂的卫生条件。随着社会文明程度的总体提升，越来越多的乡村居民开始自发改善自家的卫生设施与条件，也取得了一定的成效。（见图1.9）

图1.9　乡村公路旁的垃圾箱

然而从集体的角度进行的改善还较少，从政府角度组织的有效的研究与调整就更少。这也是导致目前乡村卫生条件得不到显著提高的原因。因而乡村的卫生设施建设有待于进一步有序化。2019年年初，全国上下掀起了垃圾分类的运动，各级城市都在建设垃圾分类的各种设施。乡村居住环境建设也应当紧跟时代的步伐。现在，乡村的垃圾回收和清运工作刚刚起步，垃圾分类的步伐可能会延迟进行，但即使落后了一点，不久之后势必也要跟上来。

第七，娱乐休闲设施建设存在无序化。过去，乡村的休闲娱乐设施较少，基本上是村民自发建立的。比如北方村落中修建的戏台和南方村民小院中搭起的茶园。这些休闲娱乐设施基本处于无序化建设的状态，没有过多的管理和规划。随着生产力的大幅度提升，特别是机械化生产工具的大范围运用，乡村中大量的劳动力被解放出来，劳动时间也缩短了很多。村民们拥有了更多的业余时间。然而，这些空闲时间要怎样打发？村民们除了干农活还能够做些什么？目前还没有研究者给出明确的规划和安排。与此同时，乡村的娱乐休闲设施又比较匮乏，所以，才会时不时地出现赌博斗殴等不和谐事件。总体上看，乡村的娱乐休闲事业依然是无序化的状态。

第八，社会保障体系的建设还有许多方面存在无序化。随着社会整体经济水平的提高，乡村居民的社会保障体系也在逐步被提上日程。众所周知，各地城市居民的最低生活保障已经建立起来了。如今，乡村居民的生活保障体系还没能完全建成。政府也在努力构建，首先解决的是丧失劳动力的村民的最低生活保障问题，其次是弱势群体的社会保障，最后是覆盖全体村民的社会保障体系。这既是一个循序渐进的过程，也是社会经济发展的必然趋势。农村的社会保障体系应当成为乡村居民养老、医疗和最低生活保障的主要经济来源。唯有如此，才能有助于改变"重男轻女""养儿防老"等困扰中国人民几千年的旧观念。

1.2.2　乡村居住环境的有序化

既然无序化的乡村居住环境是不值得维持的状态，研究者就应该努力构建评价体系，使之有序化。在科学合理的评价体系基础之上，乡村居住环境的各项建设才能平稳有序地推进。这个有序化的过程主要包括以下几点。（见图1.10）

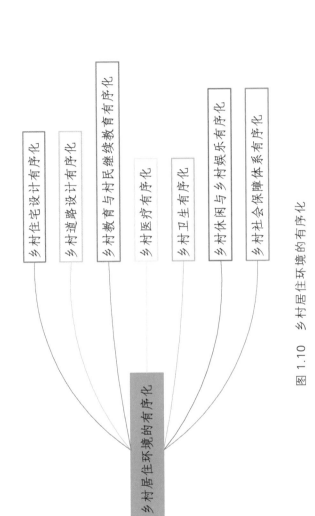

图 1.10　乡村居住环境的有序化

第一，乡村住宅设计有序化。住宅设计的有序化应当始于乡村住宅建设的审批制度改革。乡村建筑的修建审批应当与建筑设计图纸联系起来。每一栋建筑的设计与建造都应当列入技术监管的范畴。这当然需要经过一个机构与人员的建设过程，但也并非不能实现。

第二，乡村道路设计有序化。乡村道路的设计应当列入乡村环境的总体规划设计中。对道路体系的服务对象和服务年限应有比较明确的规定。

第三，乡村教育与村民继续教育有序化。乡村基础教育的有序化已经基本实现，只需要加强高等教育的普及率；但针对村民的继续教育还是一片空白，需要花大力气去开展。

第四，乡村医疗有序化。乡村医疗体系还比较落后，合格的医疗设备和医护人员的配备都有待加强。医疗服务的有序化还需要更完善的运行机制来推动。

第五，乡村卫生有序化。乡村卫生事业才刚刚起步，垃圾收集、垃圾清运、垃圾处理、家庭排污、污水收集与污水处理等一系列问题都还有待进一步解决。

第六，乡村休闲与乡村娱乐有序化。乡村居民对于休闲与娱乐设施的需求逐年增多，但相关设施的建设和管理还比较单一和缓慢，需要更多的资金投入。

第七，乡村社会保障体系有序化。乡村社会保障体系的持续建设将带来乡村居民总体生活水平的提高，使乡村社会总体上更加和谐有序。

1.3　乡村居住环境的美观性和实用性

乡村居住环境应当既具有美观性，又具有实用性。两者兼备才是广大村民理想的居住环境。在美观性方面可以通过规划与设计来加以规范，而实用性方面必须遵循村民自身的生产生活习惯，以村民自身的意愿为主。（见图1.11）

图 1.11　美观与实用的统一（外墙涂刷统一的颜色和图案）

两者的关系用现在的流行说法就是：实用性是基础版需求，美观性是升级版需求。

1.3.1 乡村居住环境的美观性

在美观性方面，一般从两个不同的角度来加以评判（见图 1.12）。第一种角度是外来者的观赏角度，如目前比较常见的是道路两侧的农舍的美化。为了使路过这里的人看到美观的环境，常统一粉刷旧建筑的外墙，甚至铺上统一的铁皮屋顶。这时从外来者的视角来看，环境确实美观了一些。第二种角度是居住者的角度。对于村民来说，乡村环境的整体美观不仅包括农舍的外观整齐，还包括室内空间也要清洁美观、农田欣欣向荣、乡间道路平整通畅，以及村民自身外貌的整洁美观等。因而，乡村居住环境的美观性需要多方面的综合协调、共同发展才可能实现。

1.3.2 乡村居住环境的实用性

以现阶段乡村经济发展所处的层次来分析，乡村居民对于居住环境的实用性需求高于美观性需求。比如在道路的设计方面，目前还在解决"有没有路"的问题。绝大多数地区的路政建设都还没能上升到"美化道路"的阶段。有了路，村民的出行才有保障。因此，乡村道路一定要平整、结实、方便。这时，实用性是第一位的。又比如卫生设施建设，目前也在解决"有没有厕所""有没有垃圾箱"的问题，还没有发展到"美观的厕所""美观的垃圾箱"的层面。其他方面，实用性依然占主导，道理类似。乡村环境建设，要从实用性需求过渡到美观性需求，还需要一个过程。

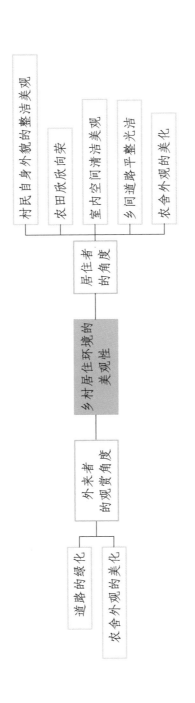

图 1.12　乡村居住环境的美观性

1.4　乡村居住环境建设的偶然性与必然性

乡村居住环境建设发展到现在的状态，既具有偶然性，又具有必然性。偶然性体现在各个地区发展的时间段不同、发展机遇不同，甚至地方政府的定位不同，这些都会造成某一个乡村的环境建设与别处不同。必然性则体现：在经济发展的趋势产生必然的促进作用，国家的政策导向产生的必然性发展作用，社会发展到一定阶段所产生的思想观念的转变作用。

1.4.1　乡村居住环境建设的偶然性

偶然性通常是指由一些偶然因素影响了事件或事态的发展。个体的作用更多的时候体现在偶然性之中。换言之，每一个突发事件、每一个村民或基层组织都有可能影响乡村居住环境的建设情况。有人起到了积极作用，有人起到了消极作用。比如：某地的名人故居通常可以带动这个乡村的旅游业；而一个"钉子户"却可以延缓一条重要道路的修建；一个干实业的领导干部可能会振兴乡村的养殖业，而一个无作为的领导干部通常会造成当地经济建设的滞后。（见图 1.13）

1.4.2　乡村居住环境建设的必然性

乡村居住环境建设的必然性是经济发展规律带来的必然变化，社会整体发展呈现出的必然性趋势。总的说来，乡村居住环境的建设必然走向现代化，乡村居民的文化素质必须要能够适应现代化建设的需要。

图 1.13　乡村居住环境建设的偶然性：传统的乡村生活环境

在社会大发展的前提下，乡村不应该成为被现代文明所遗忘的角落。现代化设施的逐步投入，促使乡村发生必然的现代化转变。电力、太阳能、天然气等新能源的大规模利用，使村民在生活起居及生产方式等各方面都发生了重大的转变。然而，能源的利用在乡村的发展中是缓慢的。在很长的一段时间里，乡村的用电供给并不充分，许多电器的使用受到了限制。比如城市中常见的电磁炉、电热器，乡村的电压就带不动它们。所以，买回去也只是一些摆设。如今，这些问题越来越受到重视，并且在逐步解决。另外，思想观念的转变也有其必然性。乡村在一些城市居民的心目中，有杂乱落后的意思。这与乡村居民受教育程度不高、眼界不够开阔、思想意识跟不上时代有密切的关系。然而，随着乡村教育事业的发展，越来越多的村民及他们的后代有了更为开阔的视野，更为先进的发展思路。这些都会革新乡村整体的思想面貌。

只有乡村建设实现现代化，整个社会的建设才能完成现代化的进程。因此，乡村居住环境建设必须要走上现代化之路。在这条发展道路上，既需要遵循乡村社会的特色需求，也需要符合社会整体发展的规律和要求。

2 乡村居住环境的发展现状调查

◎ 乡村建设现状与国家建设的总体水平有何关联？

◎ 乡村建设与城市发展有何关联？

◎ 乡村居民的生存环境是怎样的？

关于乡村居住环境的现状，相关部门和研究机构都有精确的统计。这些情况一般以总结报告和研究数据的形式呈现在大众面前，也多以客观的、物质的形态呈现在图片和视频中。值得欣慰的一点是：改革开放几十年来的乡村居住环境，在几代人的不懈努力下，确实呈现出了比较大的改善。从住房情况、交通出行、劳动强度、经济收入、环境卫生、医疗保障、休闲娱乐等各方面来比较，村民的生活都有了极大的改善。这些进步和改善是有目共睹的。然而发展到今天，还有哪些方面可以进一步改善呢？村民对哪些方面还给予了更高的期望呢？这就需要研究者去进一步发现、调查、研究，并加以总结。

2.1 乡村建设的现行政策与实施情况调研

乡村建设的大力发展由两个方面的因素来主导。一是社会整体的经济文化的大发展；二是国家针对乡村建设提出的现行政策的大力推进。其中，社会整体的发展是客观存在的条件，而现行政策的推进具有很强的主观能动性。许多现行政策都是围绕着"促进乡村发展、加快乡村建设"的目标来制定的。那么这些现行政策的实施过程与成效到底如何呢？这既需要从相关部门的大数据统计中进行查找，也需要深入乡村进行调研。

2.1.1 乡村建设的现行政策统计

对乡村建设的现行政策进行统计，是一个比较复杂的过程。从中可以找到各级政府部门对于乡村建设的理解与态度。这些现行政策包括以下几大类：

第一大类：中央政府制定的乡村发展战略和相关法规。

第二大类：国务院相关部委制定的农业发展战略与区域规划。

第三大类：省政府制定的本省乡村发展思路与规划。

第四大类：市、县级政府制定的乡村建设规划。

第五大类：村镇级基层组织制定的建设规定。

第一大类的信息，可以通过研读政府工作报告来获知。历年的政府工作报告中都对乡村发展有重要的阐述。

在《2018年政府工作报告》中，以下几点工作计划与乡村建设紧密相关：

（1）教育：切实降低乡村学生辍学率，着力解决中小学生课外负担重的问题。

（2）医疗：居民基本医保人均财政补助标准再增加 40 元，扩大跨省异地就医直接结算范围。

（3）今年再减少乡村贫困人口 1 000 万以上。

（4）乡村振兴：探索宅基地所有权、资格权、使用权分置改革，新建改建乡村公路 20 万千米。

（5）投资：完成铁路投资 7 320 亿元、公路水运投资 1.8 万亿元左右。

通过研读政府工作报告中的这些工作计划，我们可以了解政府越来越重视乡村建设，对于乡村建设的各项投入也越来越大。对于乡村居住环境和村民来说，这是一个很好的发展机会。

在其他层面的发展政策调查中，研究者发现，这些政策和策略基本上都是围绕中央制定的发展方向来进行细化的条款。

比如：土地所有权、土地使用权和他项权利的确认、确定，简称确权。它是依照法律、政策的规定确定某一范围内的土地（或称一宗地）的所有权、使用权的隶属关系和他项权利的内容。每宗地的土地权属要经过土地登记申请、地籍调查、审核、登记注册、颁发土地证书等土地登记程序，才能得到最后的确认和确定。

2013 年 1 月 31 日下发的中央一号文件提出，全面开展乡村土地确权登记颁证工作。由此，在全国范围内开始了相关的工作。各地也制定了相关的工作计划。

又比如：中央为了确保土地使用的延续性和乡村环境的长治久安，决定把农民的土地承包权又向后顺延 30 年。这一举措不仅有利于对乡村土地的开发与使用，而且有利于乡村居住环境的安定与繁荣。（见图 2.1）

图 2.1　乡村居住环境的治理与整顿工作任重而道远

2.1.2　乡村建设现行政策的实施情况调研

乡村建设现行政策的实施情况可以从政府报告中获知一二。比如:《2018 年政府工作报告》中,介绍"十二五"规划完成情况时,主要阐述了现行政策的实施成果。

报告中提到，政府在过去的五年主要做了九方面工作，办成了不少大事：

（1）国内生产总值从 54 万亿元增加到 82.7 万亿元。

（2）城镇新增就业 6 600 万人以上。

（3）基本医疗保险覆盖 13.5 亿人。

（4）贫困人口减少 6 800 多万。

（5）重点城市重污染天数减少一半。

（6）基本完成裁减军队人员 30 万的任务。

（7）高铁网络、电子商务、移动支付、共享经济等引领世界潮流。

通过政府对过去五年工作成就的描述，可以看出：在过去五年里，乡村建设的重点还是放在减少贫困人口数量这一点上。"精准扶贫""联村联户"等一系列扶贫措施正在逐渐落实，并且取得了很好的成效。

然而，站在长远的发展角度来看，现行的乡村建设政策还应当在其他方面注入一些活力。虽然解决贫困问题是非常艰巨而迫切的任务，但对于已经脱贫的绝大多数乡村居民来说，他们也需要被关注。乡村建设的主力军应当包括全体村民。只有充分发挥乡村居民的主观能动性，乡村建设事业才会取得更大的成就。

2.2 乡村居住环境的发展情况与发展前景调研

在国家大力发展经济的几十年间，乡村居住环境的巨大进步是有目共睹的。越来越多的村民开始关注自己家乡的建设，并且努力建设自己喜爱的美丽家园。

2.2.1　乡村居住环境的发展情况调查

乡村居住环境的发展主要依赖于乡村生产力和生产关系的发展。除此以外，还有一些发展要素是可以通过努力来进行提升和改进的。这些要素包括居住空间、交通路网、商业、卫生、医疗、教育、休闲娱乐、社会保障等。通过对这些发展要素进行调研，有助于研究者认清当前乡村居住环境发展的实际情况，并找出相关问题。其调查内容如图 2.2 所示。

图 2.2　乡村居住环境的发展情况调查

第一，乡村居住环境中的居住空间发展情况。

第二，乡村居住环境中的交通路网的发展情况。

第三，乡村居住环境中的商业网络发展情况。

第四，乡村居住环境中的卫生设施发展情况。

第五，乡村居住环境中的医疗设施发展情况。

第六，乡村居住环境中的教育设施发展情况。

第七，乡村居住环境中的休闲娱乐设施发展情况。

第八，乡村居住环境中的社会保障体系发展情况。

2.2.2 乡村居住环境的发展前景调研

总体上来看，乡村居住环境已经有了巨大进步，其发展前景非常乐观（见图 2.3）。

图 2.3 新农村建设项目中的乡村居住建筑设计

乡村居住环境的发展前景具体体现在以下几个方面：

第一，乡村居住环境中的人均居住面积已经增加了很多，日后将在提高居住质量和空间利用率方面有所提升。

第二，乡村道路的建设已经基本实现了"村村通"公路，多地实现了"户户通"公路，总体上，乡村居民出行都比较便利。今后会在提高道路施工质量和环境利用率方面做出改进。

第三，商业网点与商业服务模式将会更加丰富。随着信息网络技术的普及，"网上购物""快递到家"等现代化的商业销售模式也必将逐渐深入乡村。

第四，乡村居住环境中的卫生条件改善了很多，"清洁""健康""生态""环保"等现代理念已经深入人心。日后会在生产与生活的各方面加强卫生管理。

第五，乡村环境中的医疗设施和医护人员配置逐步增多，基层医疗单位的条件得到了较大的改善。日后医疗设施必将更加完善、更加趋向实用与合理。

第六，乡村环境中的教育设施已经基本能够满足乡村子弟教育的需求，相关配套设施正在进一步完善当中。日后要做的工作是提升乡村教育质量，大力发展针对乡村居民的素质教育。

第七，在乡村居住环境中，信息网络正在普及，各类休闲娱乐资讯会更加快捷，乡村娱乐设施也在逐步完善。相信在不久的将来，乡村的休闲娱乐活动将会逐步健康、积极。

第八，针对乡村环境的社会保障体系正在逐步完善，随着社会保障制度在各年龄层中的推广，日后村民的安全感会更强，乡村家庭也会更加和睦。

2.3 乡村建设中几个被忽略的问题

虽然乡村建设取得了巨大的进步，外显的物质条件得到了很大的发展，但还有一些精神需求层面的问题没有得到充分的重视。这些被许多研究者忽略的方面也属于乡村建设的元素，一部分是乡村居住环境中的主观因素，一部分是制约乡村发展的宏观因素。具体来说，包括以下几个方面（见图2.4）：

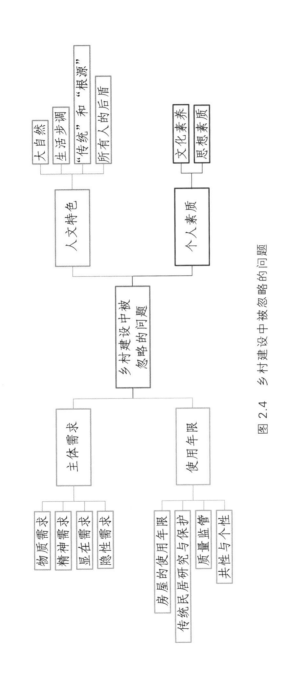

图 2.4 乡村建设中被忽略的问题

第一个方面，乡村居住环境的主体需求。

第二个方面，乡村居住环境的使用年限。

第三个方面，乡村居住环境的人文特色。

第四个方面，乡村居民的个人素质。

2.3.1 乡村居住环境的主体需求

总体来说，乡村居住环境的主体需求不同于城市居住环境的主体需求。

首先，研究者对于"为谁建设"的问题必须加以明确。乡村居住环境的主要使用者是村民，村民的需求就是最重要的主体需求。各项建设措施应始终围绕村民的需求出发。当然，这些需求中一部分属于物质需求，另一部分是精神需求。物质需求通常会在日常生活中显现出来，但还有很多精神需求隐藏在村民心里，有些深层次的精神需求甚至连村民自己都未必能意识到。这种需求可以被称为"主体的隐性需求"。研究者在进行关于乡村居住环境评价体系的研究时，不能忽略这些隐性需求，必须想办法把它们找出来。而寻找隐性需求的途径之一就是发放调查问卷。

许多研究者以外来者和旅行者的眼光来看待乡村居住环境。许多建设者在设计乡村住宅以及乡村道路时，也基于城市居民的生活模式进行考虑。这些立足点都是不可取的。乡村建设的主要需求方是乡村居民，应当首先满足村民的需求。而村民的需求，既包括农业生产的需求，也包括乡村生活的需求。乡村屋舍的设计既要满足人类的居住需求，还应当满足乡村畜牧、养殖等的需求。（见图 2.5）

图 2.5 乡村建筑设计与生产方式

　　乡村道路的建设除了满足普通车辆的通行以外，还应当满足大、中、小型农用机械的通行需求。乡村教育事业不仅要为城市建设输送人才，更应该为乡村建设培养人才。除此之外，村民的终身教育和继续教育事业也应当发展起来。

　　乡村建筑的主体需求是进行乡村住宅设计的重要依据，需要设计师和建设者进行全面考虑。（见图 2.6）

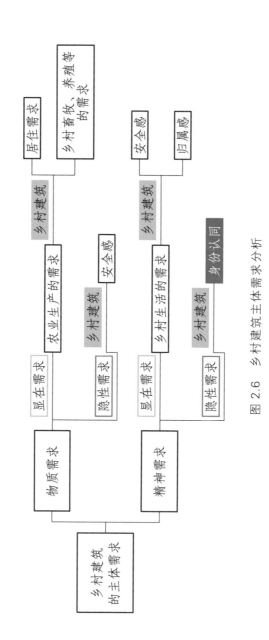

图 2.6 乡村建筑主体需求分析

2.3.2 乡村居住环境的使用年限

城市中涉及房屋的规划、修建时，都有相关的设计年限要求。这是由建筑规律决定的。然而在乡村环境中，这个设计年限却没有被重视。目前，村民利用宅基地设计修建房屋的时候，由于自身知识储备不够，加之相关监管力度不够，所以导致建筑的使用年限不够，建筑质量总体不高。乡村中的居住建筑如果足够坚固、适用，一般会代代相传。因此，乡村居住建筑应当有足够长的使用年限。根据国家颁布的《建筑结构可靠度设计统一标准》（GB50068—2001）：居住建筑的产权最长为 70 年，普通房屋和构筑物的设计使用年限为 50 年。根据乡村生活的特点，在进行乡村居住建筑设计时，建筑设计师应尽量依照这类规定，同时简化房屋后期检修与维护的工序和技术。

近年来，随着乡村旧建筑的大量老化，村民开始自发地对自家的建筑进行翻新和重修（见图 2.7）。在这个过程中，传统的民居式样越来越少，甚至走向消亡。研究者发现，如果乡村的建筑设计再不抓起来，几千年积累下来的居住智慧就有可能会被全部遗忘。那些可以节约能源的，可以惠及子孙的充满智慧的经典设计，被人们使用了千百年，也被世代传承，延续到现代。业内人士不应该让它们消亡。村居不仅仅是修建好之后使用 50 年或 70 年的房子，它更应该是代代相传的一种居住模式。我们可以在这个模式里改进，但不应该浪费资源，更不应该不顾地域特色而使各地的乡村建筑变得千篇一律。

图 2.7　乡村居住建筑的现状

2.3.3　乡村居住环境的人文特色

与城市环境相比，乡村环境有独特的风貌和特色。而乡村居住环境更是具有自身的人文特色。

《乡土中国》的作者——费孝通曾经给"人文资源"下了一个定义。他说："我认为，所谓的人文资源就是人工的制品，包括人类活动所产生的物质产品和精神产品。它和自然资源一样，只是自然资源是天然的，而人文资源却是人工制造的，是人类从最早的文明开始一点一点地积累、不断地延续和建造起来的。它是人类的历史、人类的文化、人类的艺术，是我们老祖宗留给我们的财富。人文资源虽然包括很广，但概括起来可以这么说：人类通过文化的创造，留下来的、可以供人类继续发展的文化基础，就叫人文资源。"

根据这种定义，可以把乡村环境中的人文资源定义为：村民们世世代代通过文化创造，留下来的、可供村民继续发展的文化基础。

人文资源的地方特色和时代特色组成了当地的人文特色。这种人文特色是"乡村意象"的重要组成部分。美国学者凯文·林奇曾提出"城市意象"这一概念，即一座城市的整体面貌以及它给予人的总体感受。此处提出"乡村意象"一词是借用"意象"这一词的语义，与其主要思想体系并无太大关联。（见图 2.8）

图 2.8　乡村意象——乡村的生产与生活方式

在此处，"乡村意象"是指某处乡村给予人的总体感受。它既包括乡村的物质组成，也包括当地的人文特色。其具体内容如图 2.9所示。

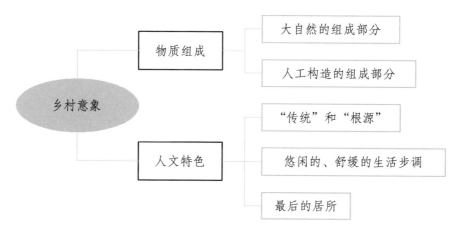

图 2.9　乡村意象的构成

　　第一，在一些城市居民的心目中，乡村代表着大自然。人类来源于大自然，乡村生活正是人类和大自然结合得最紧密的一片领域。身在乡村环境中，呼吸到的气息总是带有大自然的味道：菜地里被割断的青草的馨甜气味、水田里的禾苗散发出的淡淡清香、池塘中飘荡出的若有似无的鱼腥味儿，处处都有大自然的影子。与自然相融相合，就是乡村居住环境的人文特色之一。

　　第二，乡村代表着"传统"和"根源"。城市的历史并不很长，从曹魏时期"里坊制"盛行以后，城市居民才逐渐增多。近现代，城市规模逐步扩大，绝大多数城市居民是从乡村走入城市的，他们的"根"在乡村。乡村居住环境的印象始终如磐石一般，留在曾经的居住者的心中。因此，传统因素在乡村居住环境中是不容忽视的。

　　第三，乡村的生活步调应当是悠闲的、舒缓的。乡村生产的特点突出表现在时间的延续上，一季庄稼最快也要数月才能收获。原本，村民的生活除了农忙时节紧张一些，其他时候应当是悠闲的：看庭前落花、钓水中游鱼，是何等逍遥。然而，如今的状况是：农产品不值钱，村民依靠土地产出很难致富。因此，大多数村民才会越来越急切、越来越无心农事。改变乡村生活状态的措施应当是提高村民从土地上获得的收益。简单来说就是，农产品应当更值钱。

第四，乡村应是所有人的后盾。古代文人常说"归隐田园""隐居山林"，其实他们都把乡村当作了自己最后的居所。乡村居住环境以其广阔的周边地域、多变的自然元素容纳着不同的人、不同的思想以及不同的生活习惯。乡村以其宽容的、深厚的历史底蕴顺应时代的变迁和经济的发展。它依然是许多人心目中最后的居所。（见图 2.10）

图 2.10　乡村意象——地域特色和人文特色的重要组成部分

2.3.4 乡村居民的个体素质

人的素质主要包括自然素质、心理素质和文化素质等。社会学当中，乡村人口通常是指乡村户数中的常住人口。它包括定居的村民、外出的民工、工厂合同工及户口在家的在外学生。乡村人口中，因为身份特征不同，其个体素质也存在较大差异。在当今的乡村环境中，村民的个体素质主要包括以下几个方面：身体素质、心理素质、健康系数、受教育程度等（见图2.11）。

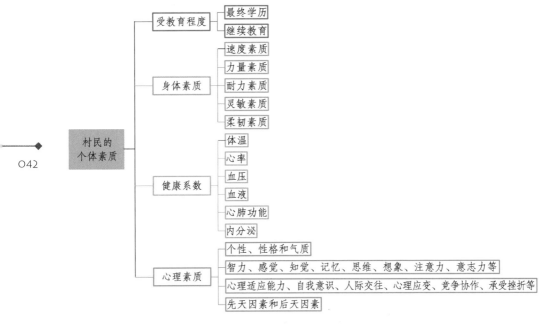

图 2.11 村民的个体素质

乡村居民的个体素质影响乡村的整体发展。

首先，乡村的现代化建设不仅需要具有现代知识体系的村干部，还需要大量的具有现代化知识体系与文化素养的村民。只有村民能够达到现代化建设的文化素质要求，各项发展政策才能在乡村环境中被自觉执行，各项合理的规章制度才能被自觉遵守。

其次，村民的思想素质应当达到当代文明社会的要求。而这方面的素质培养既依赖于村民所受的正统教育，也依赖于社会给予的永不间断的继续教育。比如：向村民宣讲"社会主义核心价值观"的内涵，这就是一种继续教育。

鉴于高等教育与户籍制度的关联性，乡村子弟只要考上大学，户口大多就迁出了乡村，因而留下来的乡村居民的整体文化水平不高。目前，要想使村民具有合格的文化修养和思想素养，就必须更多地依赖于乡村继续教育。

在对居民进行继续教育的过程中，可以充分结合全民的继续教育来开展。比如：文明公民素质教育，其中最主要的一项就是社会公德。社会公德具有维护和保障社会生活正常进行的功能，是全体公民在社会交往和公共生活中应该遵循的行为准则。它对促进精神文明建设的发展具有十分重要的意义。如今倡导的"文明出行""文明旅游"等都是社会公德建设的一部分。

◎ 乡村居民对居住环境的评价因素有哪些？

◎ 乡村居住环境的基本功能有哪些？

◎ 乡村居民生存环境调查研究有哪些新发现？

为了获知乡村居民对待自己居住环境的真实态度，并且分析出影响这些态度形成的主要因素，研究者首先必须开展针对乡村居民的认知水平调查。之后，才能有针对性地编制乡村居住环境调查问卷。

乡村居民对居住环境的认知水平调查包括：村民的受教育水平调查、村民对乡村生活的介入程度调查、村民的自我意识调查以及村民对居住环境的总体评价。

调查的过程中可以通过两个途径开展具体工作。第一个途径：通过电话或网络对多地区的村民进行随机抽样问卷调查；第二个途径：选定某个具有代表性的村落进行相对集中的访谈式调查。这两个途径可以相互补充，为研究者提供更全面的信息。

在调查问卷中，至少要包括如表 3.1 所示的若干问题。

表 3.1　乡村居住环境的认知水平调查问卷

1	你的性别	男□	女□
2	你的年龄		
3	你的文化程度		
4	你是否具有其他谋生技能	有□	没有□
5	你平均每年从事农业生产的时间	全年□	偶尔□
6	你是否常年居住在乡村	是□	不是□
7	你是否修建或改造过自家的住房	是□	不是□
8	你是否喜欢自家的住房	喜欢□	不喜欢□
9	你对目前的生活是否满意	满意□	不满意□
10	你对自己的生活现状最不满意的是什么		
11	你有没有对于未来的计划	有□	没有□
12	你是否明确生活中最重要的事是什么	明确□	不清楚□
13	你最远去过哪里		
14	你觉得村子周边最需要改进的是什么		
15	你的收入在当地是怎样的水平（与当地平均水平相比）	高□	低□
16	你的村庄是否美丽	美□	不美□
17	你喜欢你的村子吗	喜欢□	不喜欢□
18	你爱你的家人吗	爱□	不爱□
19	你希望你的家人到城市中生活吗	希望□	不希望□
20	你怎样看城里人花钱到乡村体验生活		

　　研究者通过调查发现：现阶段，乡村居民对居住环境的认知水平总体上并不高。认知水平主要与客观因素有关，同时也受主观因素的影响。在客观层面，它与生产力水平、社会舆论导向、信息资

源交流、相关知识储备等因素有很大的关联；在主观层面，它与村民对居住环境的关注程度、受教育程度、生活方式、生活习惯、年龄、性别等因素有较大的关联。（见图 3.1）

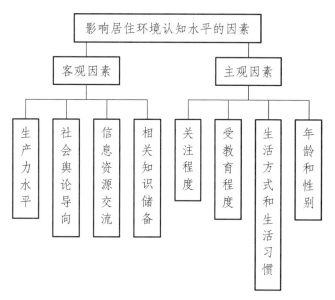

图 3.1　影响居住环境认知水平的因素

总的说来，其中起主要作用的几个因素如下：

第一，生产力发展水平对居住环境起决定性作用，与之相应的就是地区差异。

第二，生活方式和生活习惯的差别带来的区域差异比较明显。

第三，村民的受教育程度对乡村环境建设有重要影响。

3.1　地区经济和文化发展不平衡产生的认知差异

改革开放以来，我国的经济水平有了巨大的提升。然而，由于地理位置的影响，经济建设是从东部和南部沿海逐步向中部和西部地区推进的，因此，地区经济发展是不同步的。东部沿海地区的乡村由于受到城市经济的辐射影响，正在探讨"城乡一体化"的进程，而西部地区还有许多地方没有脱贫。

经济发展的不平衡产生的一个重要影响就是：当地对乡村建设的重视程度存在巨大差异。俗话说"有投入才会有产出"，同样，只有将足够多的资金投入乡村建设中，乡村的整体面貌才可能有大的变化。（见图3.2）

图 3.2　新农村建设带来新的经济发展契机

经济发达地区，政府在乡村建设中投入的资金较多；而经济欠发达地区，政府则没有足够的资金投入乡村建设中。这是经济因素作用下出现的认知差异。

3.1.1　地区经济发展不平衡产生的认知差异

地区经济发展不平衡产生的认知差异主要包括以下几方面：

第一，经济发达地区的乡村居民，其社会活动范围更广，对居住环境的要求更高。

第二，经济发达地区对于教育的重视程度更高，村民的整体素质提高较快。

第三，经济落后地区对于物质需求比较重视，发达地区对于精神需求比较重视。

第四，经济发达地区的现有条件更好，发展更快。

3.1.2　文化发展不平衡产生的认知差异

地区文化发展不平衡产生的认知差异主要包括以下几方面：

第一，文化底蕴越深厚的地区，对乡村居住环境的精神需求越多。

第二，重视文化发展的地方，对居住环境的治理愿望更强烈。

第三，文化交流越频繁的地区，对于居住环境质量的要求越高。

第四，文化发展水平越高，对于居住环境的总体水平要求越高。

3.2　生活方式上的南北差异和生活习惯上的东西差异

我国的国土面积辽阔，以秦岭—淮河一线分为南方和北方。这两大区域在气候和地质条件等方面存在着重大差异。这也直接导致南方居民和北方居民在生活方式上出现了巨大差异。总体上说，我国是南涝北旱。因为受季风气候影响，年降水量从东南沿海向西北内陆逐步递减。南方不仅雨季历时长，而且由于夏秋季节降水集中，因而常常出现洪涝灾害。而华北、西北降水较少，再加上垦殖、放牧过度，蓄水抗旱能力差，所以面临严重的"水荒"，影响着当地人民的生产和生活。比如：南方人擅长游泳的较多，因为河流和水塘遍布村庄周边；北方因为冬季寒冷，所以乡村居民就有生火取暖的居住习惯；南方因为夏季炎热潮湿，所以有喝茶晒太阳的生活习惯。

图 3.3 南北方的地域差异带来不同的乡村人文特色

3.2.1　生活方式上的南北差异

生活方式的差异多数是因为气候原因。在乡村居住环境中，南北差异主要体现在以下几个方面：

第一，北方冬天苦寒，土地是闲置的，人们几乎不外出劳作；南方冬季气候温润，可以耕种土地，人们依然会外出劳作。因此，北方乡村居民的赋闲时间更多，所以北方的家庭式作坊更多，手工艺作业者也更多。

第二，冬天，北方室内必须取暖；到夏天，南方必须制冷通风。南方的年降水量大，气候又炎热，因此南方传统民居建筑的屋顶高而尖。高而尖的屋顶既利于排水，又利于通风散热。北方由于降水较少，所以屋顶做成平顶，这样既可节省建筑材料，还可兼作晾晒作物的场所。同时，东北地区由于降雪量较大，且积雪春天才能融化，为减轻积雪对屋顶的压力，房屋顶高而尖的现象也很普遍。另外，中国南方的园林建筑，轻巧纤细，玲珑剔透，内外空间连贯，层次分明，苏州的拙政园是其典型代表。北方园林建筑则平缓严谨，内外空间界限分明。对此，中国著名园林学家陈从周，做出过总结："南方为棚，多敞口。北方为窝，多封闭。"可见，从适应环境、居住舒适出发，南方建筑注重通风散热，北方建筑利于保温保暖。

第三，北方干旱，北方人不适应潮湿环境；南方潮湿，南方人很难忍受干燥空气。具体表现就是：不少北方人初到南方会长湿疹，而许多南方人刚到北方会时常流鼻血。

因此，这些也应当成为居住环境设计的一个参考元素，并体现在乡村居住建筑的设计之中。

3.2.2　生活习惯上的东西差异

东西部乡村居民在生活习惯上的差异主要是因为经济发展水平和文化上存在巨大差异。马述忠、冯晗所著的《东西部差距：变动趋势与影响因素——基于演化与分解的分析框架》认为："自 20 世纪 90 年代初以来，我国的地区发展差异与整体经济规模同步增长，尤其是其中的东西部差距，几乎已经到了触目惊心的地步。而过大的地区发展差异不仅会对整体经济发展构成阻碍，甚至可能带来严重的社会和政治问题。"书中还提道："经济增长的影响因素繁多，东西部间在经济发展上的差距，也并非是少数因素单独作用的结果。它既源于两个地区在先天条件上的差异，也与这段时间内的全球经济环境和国内经济政策变化脱不开关系。"

目前，领导者已经逐渐意识到东西部经济发展的不平衡产生的许多问题，也在制定策略来缩短这种差距。然而已经存在的差距必须要面对，在乡村居住环境的规划与设计中，要找出因此而产生的居民生活习惯上的差异，并做出相应的设计。

在乡村居住环境中，东西差异主要体现在以下几个方面：

第一，东部的对外开放程度更高，外来文化对乡村建设的影响更大。

第二，东部生活节奏较快，西部生活节奏较慢。

第三，东部受海洋渔业影响较大，交通发达、饮食清淡。

这些地域上的差异应当体现在乡村环境设计的各个层面。

3.3　受教育程度影响村民对居住环境的治理意愿

在心理学研究中，划分社会阶层的一项重要指标就是人们的受教育程度。受教育程度直接影响个体的发展，间接影响社会的发展。乡村居民的受教育程度不但影响其自身的进步与发展，而且还深刻影响整个乡村的发展状态。

通过表 3.2 中的问卷可以研究村民的受教育程度与"居住环境治理意愿"之间的关联。

表 3.2　居住环境治理意愿的调查问卷

年龄	□A. 18 岁以下　　□B. 18 至 30 岁　　□C. 31 至 40 岁 □D. 41 至 60 岁　　□E. 60 岁以上
性别	□A. 男　　　　　　□B. 女
文化程度	□A. 高中　　　　　□B. 初中　　　　　□C. 小学 □D. 未上学　　　　□E. 大专及以上
收入水平	□A. 收入大于支出　□B. 收支平衡　　　□C. 入不敷出
你对自己的居住环境满意吗	□A. 满意　　　　　□B. 没感觉　　　　□C. 不满意
你最想改变的是什么	□A. 经济收入　　□B. 社会福利　　□C. 道路交通 □D. 住房条件　　□E. 身体素质　　□F. 文化程度
你最想得到的是什么	□A. 更大的房子　　□B. 车子　　　　□C. 方便的农业工具 □D. 养老保险　　　□E. 更多的土地　□F. 长寿 □G. 一份稳定的收入　□H. 医疗保险 □I. 大学文凭　　　□J. 休息
补充意见	

通过调查发现，村民的受教育程度越高，眼界就越开阔，其所在的家庭发展前景也就越好，日子也会越过越好；村民的受教育程度越高，他对家庭、对生存环境的思考就越多，其改变居住环境的意愿就越强烈。乡村子弟接受高等教育之后，一般都有改变家乡落后面貌、改善家庭居住环境的强烈愿望。然而大多数乡村子弟的户口已迁出家乡，在乡村建设方面已经缺乏发言权。因此，高等教育事业与乡村教育事业必须找到一个更好的契合点，促使高等教育为乡村建设培养更多的人才。

与此同时，搞好乡村的继续教育事业，普遍提高成年村民的受教育水平，是迫在眉睫的事情。许多成年村民缺乏乡村现代化建设事业所必需的知识和素养，需要继续教育来传递这些知识和信息。可见，建立长久的继续教育机制，有利于乡村建设的稳步推进。

4 乡村居住满意度调查

◎乡村居住满意度调查的目的是什么？

◎乡村居住环境满意度调查的必要性是什么？

◎乡村居住满意度调查的主要结论是什么？

满意度调查是一种常用的社会学研究方法。这种研究方法在市场经济体系中运用较多，为工商企业的不断进步和发展提供了相应的数据信息服务。对于企事业单位的满意度调查和用户测评来说，满意度指数模型的好处在于，站在一个更高的层面看问题，更完整地揭示了满意度的影响因素。

然而，对于行政管理领域来说，满意度调查工作还是一个比较新的概念。针对被管理者进行的满意度调查，需要彻底转变管理部门的工作作风，改变"官本位"和"官僚主义"的思想。只有管理者真正地把广大人民群众看成自己的服务对象，才能深入细致地开展面向最广大的人民群众的满意度调查。也只有具有改革和创新的精神，管理者才能为广大人民群众找到新的发展思路。

开展乡村居住满意度调查的目的，就是为乡村居住环境建设收集有用信息。合理利用这些信息，乡村居住环境建设的规划者、管理者和建设者才能够站在更高的层面看待现实中的问题，并更好地

解决乡村建设中的相关问题。（见图 4.1）

图 4.1　乡村居住满意度调查的目的

从心理学的角度来说，"不满"的态度常常蕴含着发展的契机。我们如果能找出乡村居住环境建设中令人"不满意"之处，则能找到规划蓝图和设计构思的创新之处，则能确实解决乡村建设中的某些关键性问题。比如，乡村生活中，一般让人最不满意的地方就是居住环境中厕所设施缺乏，以及卫生条件差。因此，这也成为最需要改善的地方。因此，政府才提出了针对乡村的"厕所革命"。可以预见：乡村的厕所卫生必然在这一行动之后，得到较好的改善。

那么，乡村环境中还有哪些令人"不满"的地方呢？为了获取这些"不满"的信息，研究者可以从心理学的角度，运用相应的调查研究方法来进行收集和研究。（见图 4.2）

图 4.2　收集信息的方法：访谈调查和问卷调查

访谈调查和问卷调查是两种常见的收集信息的方法。常有电视台做类似访谈调查的工作。比如询问农民工："你幸福吗？"然而，"幸福"本身就是一个抽象的概念，许多哲学家都无法说出"幸福"的全部含义。那么，这种访谈也只能停留在抽象的层面，常常让人摸不着头脑。因而也就无法收集到有用的调查信息。如果访谈者换一种问题，问得具体一点，也许就能收集到有用的信息。比如："你对自己的收入满意吗？""你对自己的居住条件满意吗？""你对子女的学习成绩满意吗？"或者更细化一些的问题，比如："你对家里的农具有什么改进意见吗？""你对父母的养老问题有什么设想？""你对土地的耕种有什么计划？"一旦这些问题被回答，调查者就能收集到有用的信息。

普通的消费者满意度调查问卷的编制工作一般都需要较长的时间。研究者要制定一份全新的乡村居住环境满意度调查问卷，编制工作的难度会比较大，时间耗费也会更长一些。数月之后才初具雏形。问卷中的每个题目都经过广泛采集、反复拣选、最终确定三个步骤，之后才汇集编排完成。随后，经过反复测试与修订，经过小范围的调查研究应用的检验之后，研究者终于制定了一套相对完整的"乡村居住环境满意度调查问卷"，其主要内容如表 4.1 所示。

表 4.1　乡村居住环境满意度调查问卷

性别：　□男_____　　　　　　□女_____

年龄：　□10 岁以下_____　　□10～18 岁_____　　□19～25 岁_____
　　　　□26～35 岁_____　　□36～60 岁_____　　□60 岁以上_____

受教育程度：□学前_____　　□小学_____　　　　□初中_____
　　　　　　□高中_____　　□大学_____

序号	问题	很满意	比较满意	没感觉	不太满意	很不满意
1	你对自己居住的房子，是否满意					
2	你对房子里的设施是否满意					
3	你对房子周边的道路是否满意					
4	你对现有的生产条件是否满意					
5	你对现有的劳动工具是否满意					
6	你对农业生产的技术服务是否满意					
7	你对自己的生活水平是否满意					
8	你对自己的日常饮食是否满意					
9	你对家庭的生活模式是否满意					
10	你对自己的文化水平是否满意					
11	你对基层组织的服务工作是否满意					
12	你对当地的乡村发展策略是否满意					
13	你对当地的第三产业是否满意					
14	你对畜牧业的技术服务是否满意					
15	你对当地的安全防卫工作是否满意					
16	你对自己的日常作息是否满意					
17	你对自己的身体状况是否满意					
18	你对当地的医疗条件是否满意					
19	你对自己的医疗保险是否满意					
20	你对基层的社会保障服务是否满意					

序号	问题	很满意	比较满意	没感觉	不太满意	很不满意
21	你对当地的乡村养老机制是否满意					
22	你对养老组织的服务工作是否满意					
23	你对当地的卫生情况是否满意					
24	你对当地生态保护的工作是否满意					
25	你对基层的管理组织工作是否满意					
26	你对家庭的收入情况是否满意					
27	你对当地的社会最低生活保障是否满意					
28	你对当地的休闲娱乐设施是否满意					
29	你对邻里关系是否满意					
30	你对住宅的设计和规划是否满意					
31	你对当地的教育设施是否满意					
32	你对当地的师资队伍是否满意					
33	你对当地的医疗队伍是否满意					
34	你对当地的土地管理是否满意					
35	你对当地的手工业生产是否满意					
36	你对当地的旅游业是否满意					
37	你对家庭成员的关系是否满意					
38	你对乡村居民的现有素质是否满意					
39	你对当地乡村的总体面貌是否满意					
40	你对子女的成长情况是否满意					
41	你对老人的养老情况是否满意					
42	你对当地的乡村文化事业是否满意					
43	你对当地的乡村体育事业是否满意					
44	你对当地的风俗习惯是否满意					

序号	问题	很满意	比较满意	没感觉	不太满意	很不满意
45	你对当地的其他村民是否满意					
46	你对自己是否满意					
47	你对过去五年的生活是否满意					
48	你预计未来五年的生活是否会让你满意					
49	你对现在农产品价格是否满意					
50	你对终生从事农业生产的乡村生活是否满意					
备注						

4.1 满意度调查的两种研究方向

满意度调查完成之后，针对它的调查结果，可以进行两个方向的研究。第一个方向是：现状分析与研究。现状研究主要针对现有的乡村建设条件与居民的态度，制定出改进和继续推进现有政策的方法。第二个方向是：发展趋势研究。发展趋势研究则主要应用相关理论，针对居民的不满，制定出未来研究和发展的方向。

4.1.1 乡村居住满意度调查中的现状分析与研究

在满意度调查问卷的设计与编排方面，首先要包含的内容就是村民对乡村现状的态度。这些现状可以通过一些具体问题来反映，主要包括：住房的情况、劳动生产的情况、经济收入的情况、养老的情况、医疗的情况、卫生的情况、日常起居的情况、交通出行的情况、生育子女以及子女教育的情况等。研究者通过对这些问题的设置，试图了解乡村居民对生存环境现状的具体态度和看法，并有针对性地提出相关结论和改进建议。

4.1.2　乡村居住满意度调查中的发展趋势研究

在乡村居住环境满意度的调查问卷中，还有一些问题是针对未来的发展趋势提出的。通过村民对未来居住环境的描述，研究者可以找出现状中引起不满的因素，针对重要的不足以及问题的来源，加以研究。

4.2　满意度调查是乡村居住环境建设的用户评价

在城市的居住小区中，常有针对居民进行的居住满意度调查。这是一种现代化的用户评价机制。通过用户评价，研究者可以了解城市建设中的亮点和不足。在乡村环境中，也应当设立类似的用户评价机制。通过满意度调查，我们可以直接获得村民的真实想法。了解了村民的新需求，也就找到了创新的机会。就这样，一步接一步地创造出更加宜居的乡村环境，是此项研究的根本目的。这些用户评价主要包括两个方面：使用评价和用后评价。

4.2.1　满意度调查中的使用评价

满意度调查能够及时反映乡村居民当下的状态和态度，可以说是村民对乡村各项建设项目的使用评价。它也是管理者和规划者比较全面地获得乡村发展信息的有效手段。有些平时难以获得答案的问题都可以通过乡村居住环境满意度调查问卷来进行解答。

比如：乡村居住环境的建设情况到底有没有收到预期的效果？在建设过程中哪些措施是有效的，哪些措施是无效的？乡村居民对乡村发展的各项政策的态度如何？乡村居住环境是否满足了乡村居民的需求？哪些策略可以继续推行？哪些政策需要改进？

这些问题的解答必须要倾听村民的心声。若想获知村民的心声，就必须依靠心理学和社会学的研究方法。这些方法中，比较简便的、能够全面推广的就是满意度调查问卷。

4.2.2　满意度调查中的用后评价

一般情况下，用后评价是指消费者在使用商品或购买并享受服务后，对商品或服务的态度和评价。这里所说的用后评价则是指在乡村居住环境建设项目完成之后，乡村用户相应的态度和评价。乡村居住环境的用后评价主要包括以下几个方面：

第一，乡村居住建筑的用后评价调查。

第二，乡村道路的用后评价调查。

第三，乡村福利设施的用后评价。

第四，乡村卫生设施的用后评价。

第五，乡村休闲娱乐设施的用后评价。

第六，乡村商业网点的用后评价。

第七，乡村教育设施的用后评价。

第八，乡村社会服务的用后评价。

4.3 满意度调查可以促进设计规划上的查漏补缺

查漏补缺是发展道路上不可或缺的举措。人类社会的进步从来没有一成不变的道路，只有一边发展一边改进，一边改进一边发展，才是一个动态的、和谐的过程。利用满意度调查，可以从实际出发、从基层出发，对现行政策和现有建设条件进行查漏补缺。有遗漏的方面要增添，有缺口的地方要补上。这种查漏补缺主要体现在以下几个方面。

4.3.1 了解乡村物质环境的发展现状，对不足之处加以改进

在整个调查研究的过程中，关于乡村物质环境的发展由大量的有用信息呈现出来。在居住条件、交通、卫生等显在因素方面，尤其引人注目。

首先，居住条件方面的情况比较复杂，资源浪费的问题比较突出。

其次，交通问题得到了改善，但修缮维护等问题依然严峻。

最后，卫生条件有所好转，但还存在大量隐患。

4.3.2 了解乡村非物质环境的发展现状，对不足之处加以改进

各地非物质环境的发展，呈现出完全不同的水平。这种发展不仅受到文化因素、历史因素和宗教信仰因素的影响，还受到经济发展水平的制约。经济发展水平制约着当地居民的社会发展意识、安全需求、社会保障需求、社交需求与主人翁意识等多个方面。

4.4 新时期的满意度调查也是对村民进行继续教育的手段

乡村继续教育是提高村民素质的重要手段。而满意度调查是可以在村民中广泛开展的，通过对问卷的回答，村民对许多与自身相关的问题会有更加清晰的认知；对于自身不明白的知识会产生疑问。这些都可以算是继续教育的内容。研究者可以针对某一个地方的乡村居民，因地制宜地编制调查问卷，进而展开访谈或调查。这样也就可以对当地村民进行一次有效的继续教育。一方面，将乡村居住环境中的许多问题具体化，让村民认识到问题的重要性，以及解决问题的必要性。另一方面，让村民认识到乡村建设的许多问题与自身紧密相关，能更好地调动起村民的积极性，促使其将更多的精力投入乡村建设的各项工作中。

如果把乡村居住满意度调查作为一个常态机制执行下去，就能够为乡村各项建设事业提供大量有用的信息。

◎乡村居住环境评价指标从何而来？

◎乡村居住环境评价指标有何用途？

◎乡村居住评价指标应当怎样运用？

　　乡村居住环境的评价指标体系研究是许多研究者都在努力尝试的工作。不同的研究者会以不同的理论体系为指导。因此，学术界会有一些不同的观点和争论。其中影响较大的有两种：第一种是城乡一体化的评价指标研究；第二种是地域化的评价指标体系研究。这两种研究都有自己的理论依据，也都取得了较大的成效。但两者之间的关联性并不大。城乡一体化的评价指标在经济发达地区推行，而地域化的评价指标研究则盛行于经济相对落后的地区。

　　将各类相关研究进行整合并概括得知，乡村居住环境评价指标研究主要包含以下几个方面的内容：

　　第一个方面，与村民的生产方式和经济收入有关的指标。

　　第二个方面，与村民的生活状态相关的指标。

　　第三个方面，与乡村建筑管理和设计有关的指标。

　　第四个方面，与社会体系构建有关的指标。

　　第五个方面，与人口质量有关的指标。

　　第六个方面，与乡村建设可持续发展有关的指标。

5.1 与村民的生产方式和经济收入有关的指标

乡村居住环境的首要服务对象是乡村居民，因此，评价体系中最重要的指标就是以乡村居民为中心来制定的。围绕乡村居民的生产活动和生活状态来设定相关评价指标，有利于抓住乡村居住环境建设的根本任务。这些指标包括两大类。

第一类指标：与村民生产方式有关的评价指标，如农业生产模式、农业生产力水平和可持续发展等。

第二类指标：与村民的经济收入有关的评价指标，如主要经济收入、社会福利、次要经济收入、收入稳定性等。

5.1.1 与村民生产方式有关的评价指标

乡村环境中的生产活动主要包括农业生产、畜牧业生产、渔业生产和手工业生产等。指标中最重要的几条包括针对这几种生产类型的评价。具体的指标类型如下：

第一，乡村环境中具有现代化的农业生产条件。对于适宜农业生产的地区，则主要评价当地是否具有良好的农业生产环境，包括物质环境指标和精神环境指标。物质环境指标包括：基本农田、农业生产工具（见图5.1）、农业附属产业和农业技术支持等。其中，基本农田和技术支持是最重要的两项指标。精神环境指标包括：农业生产所获得的经济回报、农民的工作强度、农业生产的社会保障和农业知识储备等。其中，农业生产带来的经济回报和农业知识储备是关键指标。

图 5.1 传统农业用具

第二，乡村环境中具有现代化的畜牧业生产条件。对于适宜畜牧业生产的地区，则主要评价当地是否具有良好的畜牧业生产环境，包括物质环境指标和精神环境指标。物质环境指标包括：养殖场和牧场的配给、畜牧业生产物资、畜牧业附属产业和畜牧业技术支持等。其中，养殖场和牧场的配给、技术支持是最重要的指标。精神环境指标包括：畜牧业生产所获得的经济回报、牧民的工作强度、畜牧业生产的社会保障和畜牧业知识储备等。其中，畜牧业生产的经济回报和畜牧业知识储备是关键指标。

第三，乡村环境中具有现代化的渔业生产条件。对于适宜渔业生产的地区，则主要评价当地是否具有良好的渔业生产环境，包括物质环境指标和精神环境指标。物质环境指标包括：渔业场所、渔业生产工具、渔业附属产业和渔业技术支持等。其中，渔业场所和技术支持是最重要的指标。精神环境指标包括：渔业生产的经济回报、渔业生产的劳动强度、渔业生产的社会保障和渔业知识储备等。其中，渔业生产带来的经济回报和渔业知识储备是关键指标。

第四，乡村环境中具有现代化的手工业生产条件。对于适宜进行手工业生产的地区，则主要评价当地是否具有良好的从事手工业生产的环境，包括物质环境指标和精神环境指标。物质环境指标包括：手工业生产场所、手工业生产工具、手工业附属产业和手工业技术支持等。其中，手工业场所和技术支持是最重要的指标。精神环境指标包括：手工业生产带来的经济回报、手工业生产的劳动强度、手工业生产的社会保障和手工业知识储备等。其中，手工业生产带来的经济回报和手工业技术知识储备是关键指标。

5.1.2 与村民的经济收入有关的评价指标

我国乡村居民的主要经济收入来源于主要从事的生产劳动，即乡村农业劳动。这一指标未能实现则标志着乡村经济并未真正得到振兴，而乡村生产力和生产资料也会存在一定的浪费。

乡村居民的社会福利包括应当能够支撑乡村居民的基本生活需求，能够给予生产能力低下者基本生活保障。

乡村居民的次要经济收入来源应当多样化，当地政府和民众应当充分发挥自己的优势和特长，积极开拓收入来源。

乡村居民的主要收入和社会福利应当相对稳定，以便维持乡村环境的长治久安。而次要收入可以略有浮动，以便为乡村生活注入活力。

5.2 与村民的生活状态相关的指标

乡村居民的生活状态包括：生活方式、生活水平、生活习惯、兴趣爱好等。乡村居住环境评价指标中也应包含上述元素。

5.2.1 关于村民生活方式的评价指标

从社会学的角度看，生活方式是指各个民族、阶级和社会群体的生活模式。狭义的生活方式是指个人及其家庭日常生活的活动方式，包括衣、食、住、行以及闲暇时间的利用。广义的生活方式是指人们一切生活生产活动的典型方式和特征的总和，包括劳动生活、消费生活和精神生活（如政治生活、文化生活、宗教生活）等的活动方式。生活方式是由生产方式决定的。此处的乡村居民的"生活方式"是指狭义的生活方式。通俗地说,乡村居民的生活方式是指乡村居民过日子的方式。

也就是说,关于乡村居民生活方式的评价指标包括以下内容:

第一,村民对衣饰的需求及满意程度。

第二,村民对食物的需求及满意程度。

第三,村民对住所的需求及满意程度。

第四,村民对交通出行的需求及满意程度。

第五,村民对闲暇时间的安排及满意程度。

5.2.2　关于村民生活水平的评价指标

从社会学的角度来看,生活水平是指与人们的收入水平或消费水平相关的物质和精神生活的客观条件或环境的变化。通常,通过人们的衣食住行以及健康、教育、文化、娱乐、社交等反映人们生活条件或环境的客观指标来进行测量与评估,主要包括"需要、匮乏、工作、生产、收入、消费"等层面,这些概念可以被量化。

衡量和比较生活水平的一个主要指标就是一个国家或地区的恩格尔系数。恩格尔系数即食品消费的支出占家庭总支出或总收入的比例。联合国粮农组织提出了一个用恩格尔系数判定生活发展阶段的一般标准:60%以上为贫困;50% ~ 60%为温饱;40% ~ 50%为小康;40%以下为富裕。

因此,在乡村居住评价指标体系中,乡村家庭的恩格尔系数就是一个非常重要的评价指标。

此外,乡村家庭在衣饰、住房、交通出行、健康、教育、文化、娱乐、社交等其他方面的消费比例也是衡量其生活水平的参考因素。

5.2.3 关于村民生活习惯的评价指标

生活习惯是指逐渐养成而不易改变的行为和生活方式,泛指某个地方的风俗、社会习俗和道德传统等。村民的生活习惯一旦养成,就难以改变。这也是乡村环境中许多陈规陋习不易被取缔的原因。但要建设社会主义新型乡村环境,就必须摒弃一些陈规陋习,并建立新的生活习惯,如垃圾分类。关于生活习惯的评价指标既包括生活细节,又包括民主法治的要义。关于生活习惯的乡村居住评价指标主要包括以下内容:

第一,村民个体的生活习惯是否符合民主法治的社会规范。

第二,当地的风俗是否符合民主法治的社会规范。

第三,当地的社会习俗是否符合民主法治的社会规范。

第四,村民的道德传统是否符合民主法治的社会规范。

5.2.4 关于村民兴趣爱好的评价指标

兴趣是指人认识某种事物或从事某种活动的心理倾向,它是以认识和探索外界事物的需要为基础的,是推动人认识事物、探索真理的重要动机。兴趣有个体在生活中长期形成的,也有在一定的情景下由某一事物偶然激发出来的。爱好是指当人的兴趣不是指向对某种对象的认识,而是指向某种活动时,人的动机便成为人的爱好。兴趣和爱好都和人的积极情感相联系,培养良好的兴趣爱好是推动人努力学习、积极工作的有效途径。兴趣和爱好具有社会制约性,人所处的历史条件不同、社会环境不同，其兴趣和爱好就会表现出不同特点。

针对村民兴趣爱好的评价指标包括以下几个方面：

第一，村民的兴趣爱好与农业生产的关联性评价。

第二，村民的兴趣爱好与乡村建设的关联性评价。

第三，村民的兴趣爱好与民主法治的社会规范的适应性评价。

5.3 与乡村建筑管理和设计有关的指标

乡村建筑管理已经到了刻不容缓的地步，在乡村居住环境评价体系中，对于乡村建筑的评价也是最为重要的组成部分。这一部分的评价指标主要包括四个方面：完善的宅基地管理政策、乡村建筑的产权保障、集体搭建自住房的规划设计和村民自建住房的设计与建造管理。

5.3.1 关于宅基地管理与建筑产权保障的评价指标

我国当下实行的农村宅基地管理办法是依据《中华人民共和国土地管理法》《中华人民共和国物权法》等相关法律、法规、政策规定，结合当地实际情况制定的针对村民合法使用或依法批准用于建造住宅的农村集体土地的管理办法。对于宅基地管理政策的评价，必须符合相关法律的主旨，并且主要针对村民的实际情况进行评价。

我国农村土地制度体系，主要包括农村土地产权制度、农村集体建设用地利用管理制度、农村土地征收制度、农村土地整治制度和耕地保护制度。近年来，我国农村土地制度建设取得了积极进展，促进了经济社会快速发展。但是，也存在一些值得关注的问题，一些地方的实践和探索，值得人们深思和研究。

目前，政府正在加强对农村宅基地的管理。一是通过立法明确宅基地的概念。将农村宅基地中住宅建筑占地和宅基地附属的院坝、圈舍等用地一并纳入管理范畴，合并进行审批与登记，并在《中华人民共和国土地管理法》修订中予以明确。二是改革宅基地无偿配置的制度。在有条件的地区逐步停止新批准宅基地，探索实行有偿配置、市场化调节。三是加强宅基地审批管理及执法监察力度。出台农村宅基地管理办法或相关政策文件，强化宅基地管理，对建新农户要求严格履行复垦义务，加大执法监察力度，严肃查处违法占地行为。

在乡村居住环境评价体系中，关于乡村建筑产权的评价指标主要包括以下内容：

第一，乡村建筑确权与维权渠道的畅通性。

第二，村民对现在实行的乡村建筑产权政策的态度。

5.3.2　关于集体搭建自住房的规划设计评价指标

集体搭建的村民自住房一般包括新农村住宅和集体农庄等。对于这类建筑的规划设计一般都比较整齐统一，但其实用性和独特性会受到影响。因此，进行此类建筑的相关调研时采取的评价因素包括：规划设计的合理性及村民的用后评价。

5.3.3　关于村民自建住房设计与建造管理的评价指标

村民的自建住房首先要从设计审批入手，如果条件许可，应当为乡村配置专业的建筑师和设计师，为自建住房的村民提供建筑设计咨询和服务。也可以针对当地实际情况，提供一定数量的备选建筑方案，供村民选择性使用。在乡村居住环境评价体系中，自建住房的评价指标包括以下内容：

第一，自建住房的设计来源。

第二，自建住房的建造过程包括有质量监管。

第三，村民对于自建住房的入住评价。

5.4　与社会体系构建有关的指标

社会体系的建构是一个复杂的问题。在不同的历史时期，建构的重点会有差异。目前，社会体系的建构侧重于社会保障和民主法治。在乡村环境中要做到这一点，就需要在许多方面加以建设，对此也应当有相应的评价指标。

5.4.1　关于社会保障的评价指标

第一，关于最低生活保障的评价指标。

第二，关于医疗保险的评价指标。

第三，关于养老保险的评价指标。

第四，关于安全保障的评价指标。

5.4.2　关于民主与法治的评价指标

乡村环境下的民主包括许多具体的内容，主要内容如下：

第一，村民的主人翁精神。

第二，乡村居住环境内部的和谐。

第三，乡村管理体系民主。

第四，邻里关系和谐。

法治的评价指标主要包括两个层面的内容，即知法守法和自觉维护法治社会。

5.5　与人口质量有关的指标

乡村环境下的人口质量主要包括：村民的受教育程度、村民的平均寿命、村民的健康系数、村民的身体素质以及村民的精神需求。

5.5.1　村民的受教育程度

村民的受教育程度是指按照国家教育体制，村民接受教育的最高学历。通过自学或成人学历教育经国家统一考试合格的，分别归入相应的受教育程度。受教育程度从低到高依次是：未上过学、小学、初中、高中、大学专科、大学本科及研究生。在很多时候，农村户口的学生考上大学之后户口就随之迁出，因此，农村人口中拥有大学专科及以上学历者较少。除此之外，高中学历也不多，比较普遍存在的是小学及初中文化程度，且因年龄段而不同。20～30

岁的农村青年以高中文化居多；30~40岁的村民以初中文化居多，这是因为实行了九年制义务教育；而40岁以上则以小学文化居多。文盲和半文盲则集中在60岁以上的年龄段。从文化程度的分布情况来看，乡村的教育事业在不断进步。随着时代的进步，越来越多的村民愿意在后代的教育方面投入资金。

在乡村居住环境评价体系中，应当包含受教育程度这一指标，乡村居民受教育程度越高，其对环境的总体评价也会越全面。

5.5.2　村民的平均寿命

平均寿命又称人口平均预期寿命，国家卫健委发布的《2017年我国卫生健康事业发展统计公报》显示，2017年，我国居民人均预期寿命由2016年的76.5岁提高到76.7岁。平均寿命的提高代表着社会综合实力的提升。

在乡村居住环境评价体系中，村民的平均寿命也是一项重要的指标。

5.5.3　村民的健康指数

健康指数这个名词原本没有准确的概念。1978年世界卫生组织（WHO）给健康进行了正式定义，制定出衡量是否健康的10项标准：精力充沛、精神状态正常、睡眠良好、适应能力强、免疫力强、体重得当、眼睛明亮、牙齿清洁完好、头发有光泽、肌肉皮肤有弹性。

医学领域为了便于测控人的身体情况，通常把人的健康指数分解为体温、心率、血压、血液、心肺功能、内分泌等指数。

在乡村居住环境评价体系中，健康指数也应当被列入其中。调查研究发现，健康指数越高则表明居住环境越好。

5.5.4　村民的身体素质

身体素质包括5个方面：速度素质、力量素质、耐力素质、灵敏素质、柔韧素质。

速度素质，是人体在单位时间内移动的距离或对外界刺激反应快慢的一种能力。

力量素质，是身体某些肌肉收缩时产生的力量。

耐力素质，是指人体长时间进行肌肉活动和抵抗疲劳的能力。

灵敏素质，是指迅速改变体位、转换动作和随机应变的能力。

柔韧素质，是指人体活动时各关节肌肉、韧带的弹性和伸展度。

在乡村居住环境评价体系中，需要依靠这些评价指标来衡量居民身体素质的整体水平。

5.5.5　村民的精神需求

如果把人类的所有需求简单地划分为物质需求和精神需求，那么所有不是以获取和占有物质为目的的需求都属于精神需求。在精神需求当中，占据主要地位的是获得心理上的满足感和成就感。根据马斯洛的"需求层次论"的观点进行分析可知：物质需求是人类生存的基石，而精神需求是处于更高层面的需求。人们只有实现了一定的物质需求之后，才有可能去满足精神需求。乡村环境中，村民的需求分布也是如此。

在乡村居住环境评价体系中，村民的精神需求可以作为参考指标而存在。村民的精神需求越丰富表明乡村生活越有活力，村民的精神需求越高级则显示居民总体的物质需求得到了较多的满足。

5.6　与乡村建设可持续发展有关的指标

乡村居住环境的可持续发展关乎社会的长治久安，也关乎广大乡村居民的安居乐业。因此，它是研究者必须要评价的内容。乡村建设的可持续发展包括以下几个方面：

第一，乡村建设政策的可持续性。

第二，乡村生产方式的可持续性。

第三，乡村居住模式的可持续性。

第四，乡村生活方式的可持续性。

第五，乡村生态环境的可持续性。

针对这些方面的内容，研究者可以分别制定相关的评价指标。

5.6.1　乡村建设政策的可持续性评价指标

乡村环境建设是一个长期的可延续的过程，因此，针对乡村建设所提出的所有方针政策，都应该具有可持续性。这个可持续性并不是某一政策或者规定在很长时间内的绝对不变，而是指前后制定的政策与规定之间是衔接与延续的。

5.6.2　乡村生产方式的可持续性评价指标

乡村生产方式的可持续性是指对土地的使用和利用存在可持续的规划。城市的扩张已经侵占了大量的良田，在这个大背景下，如何有效地使用和利用土地进行生产，是农业可持续发展的一个重要议题。

乡村的环境保护始终围绕两个方面进行：一方面是农田和牧场的保护；另一方面是乡村生态环境的整体维护。针对这两个方面，需制定不同的评价指标。

5.6.3　保护农田和牧场的评价指标

农田和牧场是乡村居民赖以生存的根基。只有保护好这些固定资产，村民才会有光明的未来。保护农田和牧场的指标包括以下几方面：

第一，乡村环境中农田的利用率符合土地运行的规律。

第二，乡村环境中牧场的利用率符合土地运行的规律。

第三，村民对农田和牧场的使用有丰富的经验和娴熟的技术。

第四，村民对农业、畜牧业、渔业或手工业生产有较高的热忱。

5.6.4　维护乡村整体生态环境的指标

乡村整体的生态环境包括宏观环境、中观环境和微观环境三个方面。乡村中的宏观环境主要由以下几个因素组成：空气质量、水质、土壤等元素；中观环境包括：森林覆盖率、群居村落、污水处理、垃圾处理等元素；微观环境包括：住宅建设、圈养牲畜、室内空间等问题。这些元素都应当有相应的评价指标。

5.6.5　乡村居住模式的可持续性评价指标

目前，在我国延续了几千年的乡村居住模式正在走向消亡。这与生产力的发展、生产关系的调整、交通的发展、信息技术的发展都有紧密的联系。然而，乡村居住环境建设的未来应该走向何方，村民对于乡村现有的居住模式有什么观点，抱着什么样的态度，这些都可以透过满意度调查来获取。乡村居住模式的可持续发展指标应当从中进行挖掘。

5.6.6　乡村生活方式的可持续性评价指标

社会学当中，生活方式是一个内容相当广泛的概念，它包括人们的衣、食、住、行、劳动工作、休息娱乐、社会交往、待人接物等物质生活和精神生活的价值观、道德观、审美观以及与这些方式相关的方面。简单地说，就是指在一定的历史时期与社会条件下，各个民族、阶级和社会群体的生活模式。一般情况下，它有广义和狭义之分。广义的生活方式包括劳动生活、消费生活、精神生活等活动方式；狭义的生活方式是指个人或家庭日常生活的活动方式，包括衣、食、住、行以及闲暇时间的利用等。生活方式受生产方式的制约，并受民族、历史、文化和传统等元素的影响。

此处使用的是狭义的生活方式的概念，即村民个人及其家庭日常生活的活动方式，包括衣、食、住、行以及闲暇时间的利用等。这些方面的可持续发展也应当在评价体系中加以体现。

第一，村民的个人生活应当具有合理性和规律性。

第二，村民的家庭生活应当具有合法性和条理性。

第三，村民的出行活动应当具有便利性和目的性。

第四，村民的闲暇活动应当具有充实和健康的特性。

5.6.7　乡村生态环境的可持续性评价指标

保护乡村的生态环境，其根本目的是乡村生态环境的可持续发展。在乡村居住环境评价体系中，有关生态环境可持续发展的评价指标，也应当有所体现。具体可以总结为以下几方面：

第一，现行的保持宏观环境的发展战略具有可持续性。

第二，现行的维护中观环境的发展政策具有可持续性。

第三，现行的促进微观环境的发展策略具有可持续性。

第四，村民具有维护生态环境可持续发展的积极行动。

5.7　乡村居住环境评价体系指标总览

综上所述，我们把前面研究的各类指标汇集起来，就可以编排出乡村居住环境评价体系的指标总览。指标总览的编制可以从乡村建设的 6 个主要方面着手。第一种表格是以这 6 个方面为中心，采取集中式编排（见表 5.1）；第二种表格是分散式编排（见表 5.2）。根据集中式表格展开的调查有利于快速分析并解决问题，而根据分散式表格编排出的问卷则更能调查出村民的真实意愿和隐藏的想法。

表 5.1　集中式编排的乡村居住环境评价体系指标总览

序号	指标内容	满意程度	备注
1	基本农田/牧场/渔场/手工作坊		与村民的生产方式和经济收入有关的指标
2	农业/畜牧业/渔业/手工业生产工具		
3	农业/畜牧业/渔业/手工业附属产业		
4	农业/畜牧业/渔业/手工业技术支持		
5	乡村劳动的直接收入		
6	社会福利提供的经济收入		
7	多样化的收入来源		
8	对衣饰的需求		与村民的生活状态相关的指标
9	对食物的需求		
10	对住所的需求		
11	对交通出行的需求		
12	对闲暇时间的安排		
13	恩格尔系数（食物在总支出中的比例）		
14	其他消费在总支出中的比例		
15	村民个体的生活习惯符合社会规范		
16	当地的风俗符合社会规范		
17	当地的社会习俗符合社会规范		
18	道德准绳是否符合民主法治的社会规范		
19	村民的兴趣爱好与农业生产的关联性		
20	村民的兴趣爱好与乡村建设的关联性		
21	村民的兴趣爱好与社会规范的适应性		

序号	指标内容	满意程度	备注
22	宅基地管理政策		与乡村建筑管理和设计有关的指标
23	乡村建筑确权与维权渠道的畅通性		
24	村民对现在实行的乡村建筑产权政策的态度		
25	集体筹建项目的规划设计合理性		
26	村民对集体筹建项目的用后评价		
27	自建住房的设计来源		
28	自建住房建造过程的质量监管		
29	村民对于自建住房的入住评价		
30	乡村最低生活保障		与社会体系构建有关的指标
31	医疗保险的政策与实施情况		
32	养老保险的政策与事实情况		
33	安全保障的措施		
34	村民的主人翁精神		
35	乡村居住环境内部的和谐		
36	乡村管理体系		
37	邻里关系		
38	知法守法		
39	自觉维护法治社会		
40	村民的受教育程度		与人口质量有关的指标
41	村民的平均寿命		
42	村民的健康指数		
43	村民的身体素质		
44	村民精神需求的类型和数量		

序号	指标内容	满意程度	备注
45	乡村建设政策的可持续性		
46	乡村生产方式的可持续性		
47	乡村居住模式的可持续性		
48	乡村生活方式的可持续性		
49	乡村生态环境的可持续性		
50	农田/牧场/渔场/手工作坊的利用率高		
51	农田和牧场的保护政策及其执行力度		
52	村民的生产劳动经验丰富、技术娴熟		
53	村民对生产劳动有较高的热忱		与乡村建设可持续发展有关的指标
54	村民对于乡村现有的居住模式的态度		
55	村民的个人生活具有合理性和规律性		
56	村民的家庭生活具有合法性和条理性		
57	村民的出行活动具有便利性和目的性		
58	村民的闲暇活动具有充实和健康的特性		
59	现行的保护乡村环境的发展战略		
60	村民有维护生态环境可持续发展的积极行动		

表 5.2　分散式编排的乡村居住环境评价体系指标总览表

序号	指标内容	满意程度	备注
1	村民有维护生态环境可持续发展的积极行动		
2	农业/畜牧业/渔业/手工业生产工具		
3	恩格尔系数（食物在总支出中的比例）		
4	农业/畜牧业/渔业/手工业技术支持		
5	乡村劳动的直接收入		
6	村民对集体筹建项目的用后评价		
7	邻里关系		
8	知法守法		
9	对食物的需求		
10	对住所的需求		
11	对交通出行的需求		
12	对闲暇时间的安排		
13	农业/畜牧业/渔业/手工业附属产业		
14	村民对现在实行的乡村建筑产权政策的态度		
15	集体筹建项目的规划设计合理性		
16	乡村生产方式的可持续性		
17	乡村居住模式的可持续性		
18	道德准绳是否符合民主法治的社会规范		
19	村民的兴趣爱好与农业生产的关联性		
20	村民的兴趣爱好与乡村建设的关联性		
21	医疗保险的政策与实施情况		

序号	指标内容	满意程度	备注
22	养老保险的政策与事实情况		
23	乡村建筑确权与维权渠道的畅通性		
24	其他消费在总支出中的比例		
25	村民个体的生活习惯符合社会规范		
26	社会福利提供的经济收入		
27	自建住房的设计来源		
28	自建住房建造过程的质量监管		
29	村民对于自建住房的入住评价		
30	乡村最低生活保障		
31	村民的兴趣爱好与社会规范的适应性		
32	宅基地管理政策		
33	安全保障的措施		
34	村民的主人翁精神		
35	乡村居住环境内部的和谐		
36	乡村管理体系		
37	多样化的收入来源		
38	对衣饰的需求		
39	自觉维护法治社会		
40	村民的受教育程度		
41	村民的平均寿命		
42	村民的生产劳动经验丰富、技术娴熟		
43	村民的身体素质		
44	村民精神需求的类型和数量		
45	乡村建设政策的可持续性		

序号	指标内容	满意程度	备注
46	村民的家庭生活具有合法性和条理性		
47	当地的社会习俗符合社会规范		
48	乡村生活方式的可持续性		
49	乡村生态环境的可持续性		
50	农田/牧场/渔场/手工作坊的利用率高		
51	农田和牧场的保护政策及其执行力度		
52	村民的健康指数		
53	村民对生产劳动有较高的热忱		
54	村民对于乡村现有的居住模式的态度		
55	村民的个人生活具有合理性和规律性		
56	当地的风俗符合社会规范		
57	村民的出行活动具有便利性和目的性		
58	村民的闲暇活动具有充实和健康的特性		
59	现行的保护乡村环境的发展战略		
60	基本农田/牧场/渔场/手工作坊		

6 乡村居住环境的规划原则

乡村居住环境规划的目的是什么？

乡村居住环境规划的必要性有哪些？

乡村居住环境的特点在规划过程中怎样体现？

社会的发展越来越快，乡村建设的项目也越来越多。乡村居住环境需要相应的规划和设计。那么，在乡村居住环境评价原则的指导下，制定出乡村居住环境的规划原则就变得非常必要。这套规划原则可以归纳为：乡村居住环境规划应当以村民的生产和生活为中心，以科学的社会建构理论为指导，兼顾实用与美观，既要尊重个性，又要维护共性，坚持物质需求和精神需求并重。

6.1 以村民的生产和生活为中心

乡村居住环境规划应当始终围绕村民的生产和生活展开。这是整个乡村环境建设的中心。

首先，以村民的生产为中心，即意味着对乡村生产力发展足够重视，也意味着对科学管理乡村生产的重视。（见图 6.1）

图 6.1　乡村生产力的发展：自动化收割机与人工收割机

　　村民的生产劳动主要分为农业、畜牧业、渔业和手工业等。各地一般会因地制宜地开展乡村生产劳动，所以，研究者进行研究时应当根据实际情况选择当地的主要项目进行调查研究。

　　其次，以村民的生活为中心。这不仅是"以人为本"设计理论的延伸，更是"为人民服务"思想的实施。"以人为本"体现在关注和满足村民的各类需求上，"为人民服务"则主要体现在乡村管理与乡村服务等方面。（见图 6.2）

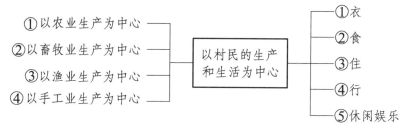

图 6.2　乡村居住环境规划原则之一——以村民的生产和生活为中心

6.1.1　以村民的生产为中心

只有乡村生产力发展起来了，村民的生活才能从根本上得到保障。以村民的生产为中心，其根本目的是要发展乡村生产力。因此，乡村规划始终要以保障农业生产、畜牧业生产、渔业生产或者手工业生产为中心。

第一种情况，以农业生产为中心。

第二种情况，以畜牧业生产为中心。

第三种情况，以渔业生产为中心。

第四种情况，以手工业生产为中心。

6.1.2　以村民的生活为中心

在"为人民服务"思想的指导下，研究者所做的工作都是围绕着"如何能更好地为人民服务"展开的。乡村居住环境的规划也是"为人民服务"的工作，此时的服务对象就是广大的村民。以村民的生活为中心进行规划，就是要时刻关注村民的衣、食、住、行、休闲娱乐等各个方面，在乡村环境中尽量提供更加便利的生活条件或提出相关的改善方案。

6.2 以科学的社会建构理论为指导

乡村发展离不开和谐稳定的社会大环境。

在乡村居住环境的规划中，以科学的社会建构理论为指导，就找到了规划建设的主心骨。有科学的社会构建理论为指导，有利于发展方向的把握，有利于管理机制的运行，有利于个人主观能动性的发挥。（见图 6.3）

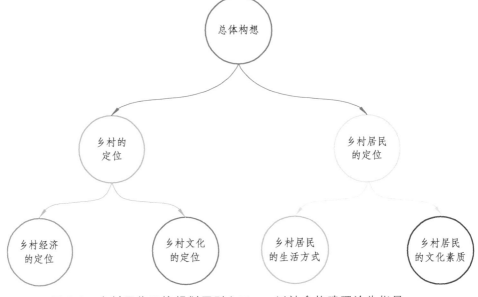

图 6.3 乡村居住环境规划原则之二——以社会构建理论为指导

6.2.1 以科学的社会构建理论为指导，把握乡村居住环境的发展方向

乡村居住环境的发展方向是一个宏观上的概念，首先需要确定总体构想。而这个总体构想与社会构建理论是紧密相关的。所以，

必须以科学的社会构建理论为指导。乡村居住环境的发展方向必须在整体的社会构建体系的框架之内进行。乡村经济的发展方向包括以下内容。

第一，我国正在逐步成为工业和商业大国，乡村经济正在逐步融入其中。

第二，城市经济已经成为带动全国经济发展的领头羊，乡村经济正在逐步跟上。

第三，社会构建理论对于乡村的定位是乡村居住环境未来发展的关键。乡村不应该是"艰难生活"与"艰苦劳动"的代名词。现代科技的进步应该更多地向乡村发展。当城市环境中已经开始出现"无人驾驶汽车"时，一些乡村还在使用几千年前的耕作技术。这明显是科学技术发展不平衡导致的。社会构建理论体系中应当更加重视乡村环境的建设，促使更多的科学技术研究为乡村服务。

第四，社会构建理论中关于乡村居民的定位是乡村居住环境发展的潜在因素。乡村居民不应该是"受教育水平低"与"文化水平低"的代名词。古代中国曾经出现过"愚民"的统治策略，以利于统治者的统治，然而，这种观念已经不适用于当代社会。世界发展的潮流和我国社会的定位决定了全体国民的素质都必须加以提高。人民不仅要有文化，还要具有世界领先的文化。只有如此，国家才能真正强大，中华民族伟大复兴才能够实现。因此，乡村居民的文化素质提高就变得非常重要且必要。

6.2.2 以科学的社会构建理论为指导，建立乡村建设的管理机制

乡村环境中起到承上启下作用的，主要是各地的基层管理组

织。这些基层组织的管理权限受到社会构建理论的制约。只有科学的现代社会构建理论才能指导建立起现代化的乡村建设管理机制。

通过调查发现，在目前的乡村环境建设过程中，基层管理机构的作用还不够大。影响基层组织作用发挥的因素主要包括：基层管理人员的综合素质普遍不高；基层组织的经济来源非常有限；基层组织在乡村居民中的满意度评价普遍不高。

若要改善这一状况，就需要从以下三个方面来加以改进：

第一，提高基层管理人员的综合素质。国家正在大力推行大学生村干部，对于提高基层管理人员的文化素质来说，这是一个好的开端。除此之外，还需要加大现任各类村干部的培训力度，制定有效措施以便落实培训成果。

第二，开启各类可持续的增收项目，增加各地基层组织的经济收入，完善基层组织的经济管理制度。总体上看，基层管理组织代表了乡村的集体。集体有了钱，才能为大家提供更多更好的公共服务。（见图6.4）

图6.4 乡村居住环境的基层——村落的管理状态

第三，调整基层管理模式和服务模式，使所从事的工作以获得绝大多数村民满意为目标。

从调查分析可知，乡村居民普遍希望看到更有远见、更为系统、更加透明、更加民主的基层管理模式和服务模式。唯有不断调整管理和服务的思路、方法，才能跟上社会不断进步与发展的步伐，也才能使村民真心满意。

6.2.3 以科学的社会构建理论为指导，发挥个体的主观能动性

哲学中所说的"主观能动性"，是指人的主观意识和实践活动对于客观世界的反作用或能动作用。主观能动性有两方面的含义：一是人们能动地认识客观世界；二是在认识的指导下能动地改造客观世界。在实践的基础上使两者统一起来，即表现出人区别于动物的主观能动性。

乡村居民个人的主观能动性是促进乡村居住环境建设取得胜利的力量源泉。然而，个人主观能动性的发挥必须建立在科学的社会构建理论的监督与指导的基础上。社会的理论为个体发展指明方向、提出界限。它既能为个人的主观能动性提供助力，也能帮助个人主观能动性及时"刹车"。在科学的社会建构理论指导下，村民的主观能动性在乡村居住环境建设的各个方面及各个阶段，都能起到积极作用。

6.3 兼顾实用与美观

乡村居住环境应当兼具实用性和美观性。"实用"是从功能上满足村民的物质需求；"美观"是从审美上满足村民的精神需求。"实用"是基础层面的需求，"美观"是更高层次的需求（见图6.5）。

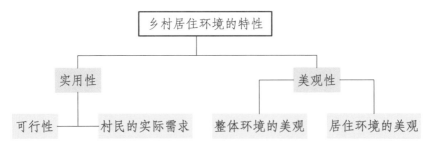

图 6.5 乡村居住环境规划原则之三——兼顾实用和美观

在乡村环境建设中，许多地方只讲实用不讲美观，其原因是多方面的。比如：经济落后，生产力还停留在解决温饱和贫困的层面，自然只能追求实用；也可能是文化发展比较滞后，对于美观的认知不足。

还有一些地方一味追求"美观"，失去了乡村居住环境的实用性，也就是华而不实。比如：多地修建的新农村住房完全照搬城市居住模式下的别墅设计，这样的建筑必然不符合乡村生产与生活的规律。因为这类乡村居住建筑为了所谓的"美观"而把"实用"丢掉，这显然是一种舍本逐末的行为。

图 6.6 中乡村公路旁的围墙设计兼顾了实用和美观。

图 6.6 乡村公路旁的围墙设计

6.3.1　乡村居住环境规划应当具有实用性

无论是城市居住环境的规划，还是乡村居住环境的规划，首要的任务就是满足人们居住使用的功能。在众多的评价指标中，"实用性"就是最重要的一条。乡村居住环境规划的实用性测评包括以下几个方面：

第一，乡村居住环境规划具有可行性。乡村居住环境规划的可行性是指规划设计本身属于经济适用型；规划设计的内容与当地的发展特点吻合；规划的蓝图具有可持续发展的特点。

第二，乡村居住环境规划获得绝大多数当地村民的认可。只有符合当地人需求的规划设计才能得到绝大多数村民的认可。在规划设计阶段就应当广泛征集村民的意见和建议。

第三，乡村居住建筑设计完全符合当地村民的各项实用需求。村民的各类需求既包括人们的居住类使用需求，也包括生产劳动方面的使用需求。对于居住类的建筑，村民除了自己居住，有时还需要从事各项生产劳动。比如某些需要在室内进行的农业辅助性劳动、手工业劳动、畜牧业劳动、养殖业劳动等。相应的，乡村的居住建筑设计就应该设置相应的空间类型。当今设计界，常用城市生活模式下的别墅设计的图纸来应付乡村住宅设计，这类做法是非常不可取的。乡村住宅设计必须是针对乡村生活模式而进行的专门设计。

第四，乡村环境中的其他设施具有实用性。乡村环境中的其他设施都应当具有适用性。

6.3.2　乡村居住环境规划应当具有美观性

乡村居住环境的美观性要求自古就有，只不过随着村民的眼界越来越开阔，对于美观性的需求也越来越明确。总结起来，主要包括以下几个方面：

第一，乡村整体环境具有美观性。整体环境的美观性主要包括宜人的空气、美丽的乡村风光、整洁的乡村面貌和快乐的乡村居民。

第二，乡村居住环境具有美观性。居住环境的美观性主要指乡村居民居住地周边的环境要美观。自古以来，乡村居民在自建宅院以及村落选址的时候，通常都会考虑周边的环境是否美观，并且会考虑屋舍建好之后与周边环境是否和谐。

第三，乡村住宅具有美观性。建筑本身的美观性追求在经济越发达地区越来越明显。

第四，乡村室内空间具有美观性。

6.4　既要尊重个性，又要维护共性

此处的个性是指每一处乡村独有的特色；共性是指乡村环境共有的特点。在做乡村居住环境的规划时，既要尊重乡村的个性，又要充分考虑乡村居住环境的共性。（见图6.7）

6.4.1　乡村居住环境规划中的个性问题

个性即特色。乡村的特色主要包括地域特色、民族特色、文化特色、地理特色、气候特色、建筑特色、生活习惯特色等。这些元素的合理运用，都可以成为某处乡村的个性特征。

地域特色主要包括沿海地区的乡村居住环境的特点、内陆地区乡村居住环境的特点、北方村落式居住环境的特点、南方山区分散式居住环境的特点等。根据不同地域的居住环境特点进行因地制宜的规划和设计。

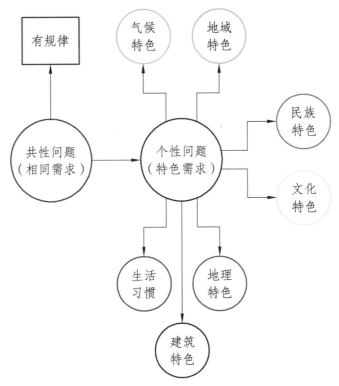

图 6.7　乡村居住环境规划原则之四——兼顾共性和个性

　　民族特色则是根据各民族的传统居住环境特点进行规划和设计。比如：西北地区的回族居民多为村落式聚居；西南地区的彝族村民也主要以山寨为单位聚居；新疆地区的维吾尔族村民也喜欢村落式聚居；而汉族居民有聚居模式，也有分散居住模式。根据民族特色对居住环境进行规划和设计，既有利于传统的保持，也有利于创新与发展的顺利进行。

　　文化特色则是当地的文化特长与传统风俗，抓住了这两点就抓住了规划设计的精髓，也最容易被村民所接受。

　　地理特色和气候特色其实也属于地域特色的两个方面。在此处单独提出，只不过是提醒研究者在做规划设计时，需要特别加以强调和注意，因地制宜地考虑这两个方面的因素。

建筑特色则是当地千百年累积的生活经验的体现，需要规划者深入去思考，扬长避短。对于优良的居住建筑式样应尽量保留，不要千篇一律。

生活习惯特色是指当地乡村居民的生活习惯存在的特殊之处。生活习惯主要包括饮食习惯、穿衣打扮、作息时间规律、出行方式、娱乐休闲方式等。比如：湖南乡村居民喜欢吃槟榔、喜辣味、好打扑克牌；四川乡村居民喜好喝茶、纳凉、打麻将；东北乡村居民喜欢烧炕、扭秧歌、看二人转；西北乡村居民平时喜欢串门聊天、蹲在屋檐下晒太阳、春节期间还会打鼓耍社火。可见，各地的乡村生活习惯是有差异的。正是因为生活习惯不同，村民们对于居住环境建设中的许多附属设施要求也不一样。对此，研究者应当慎重考虑。

6.4.2 乡村居住环境规划中的共性问题

共性即共同需求，是具有规律性的。在规划中，对于有规律的问题通常可以通过制定设计规范来加以明确和限制。乡村居住环境的共性要求主要包括：居住建筑的设计要符合此生产和生活的所有需求；居住环境总体安全；生产力提高、生产工具和生产条件便利；交通方便；商业设施完善；社会事务参与度较高；社会福利与保障体系健全；休闲娱乐设施充足等。这些共性需求即是乡村居民的日常需求，也是外来者和暂住者的共同需求。

比如在乡村住宅设计当中，有一个问题是必须要经过专业设计才能确定并推广的。这就是乡村住宅的"理想间距"问题。在我国的传统民居中，独门独院的住宅设计是比较常见的。然而，随着时代的发展，传统民居式样在逐渐衰落。乡村住宅开始模仿城市住宅的样貌进行修建。在新农村建设的项目中也是如此。但乡村生活模式与城市生活模式有较大差异，特别是在乡村环境中，邻里之间的交往频率较高。这就导致乡村居民之间的个体空间距离感受要比城市环境明显。城市中，邻里之间的"共壁"是常见的。因为互不相识，所以在心理上也是能够忍受的。但乡村环境中，只要条件许可，邻里之间则不愿意"共壁"而居。所以，在古代就会出现"六尺巷"这类典故。那么，重要的问题就提出来了——乡村居住建筑的理想间距究竟是多少呢？

随着研究者对乡村规划的逐步重视，针对乡村居住环境的设计规范正在制定当中。相信在不久的将来，规范一旦制定并实施下去，许多共性的问题就可以得到很好的解决。

6.5　坚持物质需求和精神需求并重

在划分村民的需求种类时，参照了心理学中对需求的划分类型。按照人们行为的目的，需求一般可以分为初级的物质需求和高级的精神需求。其中，初级的物质需求表现在人们没有达到一定的经济能力之前，为了获取赖以生存的物质所采取的行为活动；而高级的精神需求则是人们在满足了物质需求后，为了得到更多的非物质需求而采取的行为活动。

"两手抓"是前人给我们提出的行政管理要求，即一手抓物质文明，一手抓精神文明。简单来说，人民的物质需求和精神需求都很重要，不可厚此薄彼。如今，物质文明在蓬勃发展，精神文明的建设却滞后了。因此，在稳步推进物质文明建设的同时，需要加快精神文明的发展脚步。物质文明是客观实在的，有目共睹，比较容易出成果。而精神文明建设是一个长期的内在的形成过程，其成效不易被察觉。因此，在做相关工作时，需要研究者具有深厚的理论修养和实践经验，以便对相关问题进行深入的研究和具体的实施操作。

乡村精神文明建设包括乡村思想建设和乡村文化建设两个方面。它是相对于乡村物质文明建设而言的。乡村精神文明建设是社会主义精神文明建设的一个重要方面。乡村精神文明建设是随着物质文明建设的发展而发展的。一方面，物质文明建设的发展带来了广大农民精神面貌的变化，思想观念的解放，视野的开阔，对建设新生活的渴求。另一方面，物质文化建设的发展，也对乡村精神文明建设的需要不断提出新任务和要求。两者之间是互为条件、互相促进，相辅相成的。（见图 6.8）

图 6.8　乡村居住环境规划原则之五——兼顾物质需求和精神需求

6.5.1　乡村居住环境规划应重视物质需求

物质需求是精神需求的基础。物质需求层面的许多项目是乡村居民赖以生存的必要条件。在乡村建设的过程中，必须摒弃抹杀乡村居民的正当物质利益、一味用精神激励以调动其积极性的脱离实际的做法。

　　在心理学范畴，物质需求一般包括生理需求、安全需求等。为了满足村民的物质需求，规划者需要设计出相应的客观存在的设施和物质条件。在生理需求方面，主要包括衣、食、住、行及其他基本生存条件保障；在安全需求方面，主要包括居住环境的安全与防护、劳动场所的安全与防护、失业（失去劳动力）保障、医疗保障、养老保障等。以上几方面皆是乡村居民的物质需求和生存保障，研究者和管理者应当给予充分的重视。（见图 6.9）

图 6.9　乡村居民物质需求的主要类型

6.5.2　乡村居住环境规划应重视精神需求

　　这里所说的精神需求，是指人们因社会环境和条件的影响，对社会生活、社会秩序、社会安全等与切身利益有关的重大问题所产生的精神方面的强烈要求。精神需求依赖于物质需求，但又具有相对的独立性，有时甚至还影响物质需求的动向。乡村居民的精神需求是乡村环境建设和乡村社会建设都必须时刻关注的内容。

　　在心理学范畴，精神需求一般包括归属需求、爱与尊重的需求、自我成长的需求等。总结起来，精神需求可以是人们心中的满足感和成就感。比起物质需求的满足，精神需求的满足更隐蔽，也更困难。为了满足乡村居民的精神需求，研究者必须顺应心理活动的规律，在乡村环境中创设出相应的条件。（见图 6.10）

图 6.10　乡村居民精神需求的主要种类

在精神需求的满足方面，需要考虑村民的共同需求和个体需求。共同需求包括乡村居民的归属感需求、乡村环境带来的依恋感、乡村生活的幸福感需求等；个体需求包括性别差异带来的个体需求、年龄差异带来的个体需求、家庭结构不同带来的个体需求等。

在由性别带来的精神需求方面，男性心理需求和女性心理需求的差异主要表现在以下几个方面：

第一，男性注重成就感，女性注重归属感。

第二，男性注重结果，女性注重过程。

第三，男性强调秩序感，女性需要安全感。

第四，男性的社会伦理意识更强，女性的家庭服务意识更强。

在乡村环境中，男性和女性的心理需求也不同。男性村民更需要通过提高收入以获得社会认可，并巩固家庭地位，以此获得成就感和秩序感；女性村民更倾向于安排好家庭生活和社会关系，以期获得归属感和安全感。因此，在乡村，即使要与妻子儿女分隔两地，男性也会选择外出务工，以期增加收入；而女性则更愿意留在家中照顾儿女。显然，这种两地分居的家庭生活方式并不美满，它只是由当下的社会生产关系决定的，并不是乡村居民理想的家庭分工与生活模式。如果可以就近解决农民的经济收入问题，则会提高乡村家庭生活的幸福指数。

年龄差异带来的个体心理需求种类很多。一般情况下，村民可以被划分为老年村民、中年村民、青年村民和未成年村民。未成年村民又可以被分为少年、儿童、幼儿及婴儿。处于不同的年龄阶段，村民会出现不同的精神需求。

第一，老年村民的精神需求主要包括家庭给予的安全感、社会给予的尊重感、生活给予的稳定感和对于未来的安定感。

第二，中年村民的精神需求主要包括家庭给予的被依赖感、社会给予的成就感、生活给予的温暖感和对于未来的控制感。

第三，青年村民的精神需求主要包括家庭给予的安全感、社会给予的新奇感、生活给予的热情和对于未来的期待感。

第四，未成年村民的精神需求主要包括家庭给予的温暖感、社会给予的安全感、生活给予的欢乐感和对于未来的好奇感。

在进行乡村居住环境建设时，应当尽量满足各个年龄段村民的精神需求。

家庭结构的差异也会影响村民个体的精神需求。家庭结构类型主要分为：独身家庭、夫妻家庭、核心式家庭和复合式家庭。独身家庭是由个体村民组成的家庭，也就是单身成年人自己独居；夫妻式家庭就是由一对夫妇组成的家庭；核心式家庭是一对夫妇和他们的子女组成的家庭；复合式家庭是指三代同堂或四代同堂的大家庭。个体所处的家庭结构不同，他的精神需求也就不一样。

第一，独身家庭的村民的精神需求。这类独身家庭又分为两种情况：老年独身和中青年独身两种类型。老年独身村民的精神需求主要是安全感和归属感；中青年独身的村民的精神需求主要是认同感、成就感和安全感。

第二，夫妻式家庭的精神需求。这类家庭也分为老年夫妻式家庭和中青年夫妻式家庭。老年夫妻式家庭成员的精神需求主要包括安全感和稳定感；中青年夫妻式家庭成员的精神需求主要包括归属感和安定感。

第三，核心式家庭成员的精神需求。这类家庭成员的精神需求主要是归属感和幸福感。

第四，复合式家庭成员的精神需求。这类家庭成员的精神需求主要是认同感和成就感。

在乡村居住环境建设中，既要充分考虑不同的家庭结构成员的精神需求，也要分清主次关系。在当前的乡村环境中，家庭结构依然以核心式家庭和复合式家庭为主。

这些不同的个体特征会促使村民形成不同的精神需求。在规划乡村居住环境之时，需要充分考虑这些不同的个体需求。

然而，目前在乡村中实行的精神文明建设措施，主要是指乡规民约的制定、乡村集镇文化中心的建设、先进典型的评选等。虽然这些活动把中华民族崇尚文明、追求文明、建设文明的行动推向了一个新的阶段，但是我国的乡村精神文明建设仍面临着巨大的困难和任务。如较低的受教育程度、消极的思想观念等，都会影响乡村精神文明建设的进度，再加上部分乡村干部对乡村精神文明建设的重要性认识不够，致使目前乡村精神文明建设还处于起步阶段。

由此可见，进行乡村精神文明建设是一项长期、艰巨的任务，需要付出长时间的、极大的努力。

7 结语——乡村居住环境建设任重而道远，需要整个社会为之努力

◎ 乡村居住环境建设需要哪些人参与？

◎ 乡村居住环境建设需要多长时间？

◎ 乡村居住环境评价指标的作用应当怎样体现？

目前，乡村居民对于美好生活的需要正在不断增长，而乡村居住环境的发展又是不平衡、不充分的。因此，两者之间出现了矛盾。而解决这一矛盾，就成为众多研究者和建设者的重要任务。

几乎每个人都本能地向往风景宜人的居住环境，如山清水秀、林木茂密就是好的居住环境的一个指标。乡村居住环境是提高乡村居民生活质量的一个重要因素，也是乡村经济、乡村文化和乡村整体社会的一个重要支撑。（见图 7.1）

历史经验告诉我们：伴随着城市居住环境质量的改善，能源消耗和废气污染一直在增加。然而，乡村居住生活场所的建设是人类社会有史以来的基本生存活动，因此，寻找一条环保的可持续发展的乡村居住环境建设道路就变得极为重要。

图 7.1　新农村建设项目——"肃府官滩"

　　乡村居住环境建设是一项复杂的巨大工程，需要整个社会和一代又一代的建设者为之努力。如今，城市建设迈上了新的台阶，乡村建设也要跟上。经过不懈努力，乡村里生活着的广大村民，也有获得满意的理想居住环境的可能。当然，这还需要有更多的资金投入乡村建设之中，也需要更多的建设人才向乡村集结，村民也应该接受更多的更高水平的教育；同时，不可或缺的是更加完善的发展乡村建设的理论和更长远的乡村居住环境发展战略。（见图 7.2）

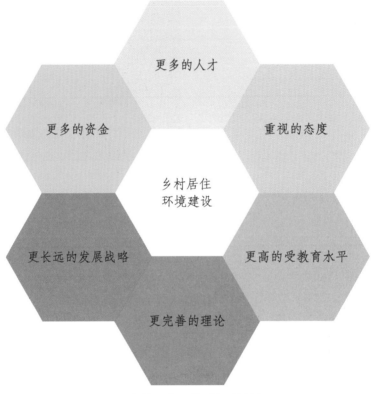

图 7.2　乡村居住环境建设的希望之源

7.1　乡村居住环境建设需要更多的资金投入

　　如今，乡村居住环境建设资金的来源主要有村民自筹资金、集体筹款和国家财政支持。这些资金在乡村居住环境建设的初步阶段起到了很大的作用。然而，仅依靠这些资本要建立理想的乡村居住环境还是有些力不从心。依照城市发展的经验，现阶段可以考虑利用民间资本和闲散资金进行统筹规划，以此促进乡村建设发展的步伐。（见图 7.3）

图 7.3　村民自筹经费建设的乡村居住环境建设项目

民间资本就是民营企业的流动资产和家庭的金融资产。改革开放以来，我国的经济快速发展，创造了大量的社会财富、集聚了大量的民间资本。2010 年 5 月 13 日，国务院颁布的《国务院关于鼓励和引导民间投资健康发展的若干意见》明确提出，鼓励和引导民间资本进入基础产业和基础设施领域，鼓励和引导民间资本进入市政公用事业和政策性住房建设领域，鼓励和引导民间资本进入社会事业领域。

依照中央对乡村实行的"土地流转""土地确权"和"土地承包期限延期"等一系列规定，乡村的经济发展相对更具活力，也更加有利可图。如果能够引导更多的民间资本投入乡村的各项建设之中，就能为乡村居住环境的建设带来新的活力。

7.2　乡村居住环境建设需要更多的人才集结到乡村

明清时期的《增广贤文》中写道："一花独放不是春，百花盛开春满园。"这句话用来形容人才的聚集与利用是比较恰当的。

在《东周列国志》中记载齐相管仲建议齐桓公广纳人才时说道："大厦之成，非一木之才也；大海之润，非一流之归也。"这句话适用于当今乡村建设需要人才之际，也非常恰当。

大规模的乡村居住环境建设必然需要更多的建设人才。"吸引人才、留住人才、成就人才"应当成为乡村建设的人才建设目标。各级部门应当让更多的有志于建设乡村的人才，在乡村建设项目中发挥才干，实现个人事业与乡村环境建设的双赢。

什么样的人才能够成为建设乡村的人才呢？研究者认为合格的乡村建设人才应当具有两个方面的素质：首先，具有乡村居住环境建设所需的知识或技能；其次，具有建设乡村的意愿与热情。这两个方面相辅相成，缺一不可。

7.3　乡村居住环境建设需要村民接受更高水平的教育

"科学技术是第一生产力。"这句话时常被提及。它阐明了一个道理：乡村居住环境建设首先要依赖于科学技术的发展和进步。先进的乡村科技带来的是决定性的发展动力。唯有让更多的人才掌握现代乡村科技，才是乡村环境建设向现代化迈进的根基。

乡村居住环境建设想要搞起来，还需要一支主力军，那就是广大的乡村居民。乡村居民的个体素质制约着村民整体的素质水平，村民的整体素质决定着乡村环境能否得到恰当的使用和维护。因此，提高村民的受教育水平是非常必要的。（见图 7.4）

图 7.4　乡村居住环境美化与村民的审美素养有关

乡村居民的受教育水平分为：文盲、小学水平、初中水平、高中水平、大专水平和本科水平等。目前，我国推行九年制义务教育。在中青年中已基本消除了文盲，绝大多数村民的受教育水平都达到了初中水平。然而，现代化的乡村建设需要大量具有较高文化程度的建设者。接受过高中以上教育的村民对于新知识和新技能的学习和掌握，要比较低文化水平的村民更容易，也更快速。

受户籍制度和土地承包制度的制约，过去很长一段时间，乡村居民中没有大专以上文化的人。这是因为乡村学子一旦考上大学，大多数会将户口迁出农村，变成城市居民，而他们名下的土地也会被集体收回。这种规定执行的几十年间，农村失去了大批的高学历人才。

不过，近几年来，此规定在慢慢失去它原有的作用。这是因为土地确权后，每户人家的土地在几十年以内不会再变更，那么即使子弟们的户口被迁出去，还可以回到乡村居住和工作。由此可预见，乡村中，受过高等教育的高素质人才会越来越多。

7.4　乡村居住环境建设需要更完善的理论支撑

任何长远的建设行动都需要在完善的理论指导下，才更易成功。构建更加完善的乡村居住环境建设理论，应当走在建设之前。乡村居住环境建设应当在科学合理的理论指导下，经过精心规划之后展开，这样可以少走弯路。

西汉桓宽《盐铁论》中有言："明者因时而变，知者随世而制。"聪明人会随着时代的变化而改变策略，有智慧的人会按照事实变化的情况而制定法则。此句强调"变"的重要性和必要性，主张与时俱进，积极地根据时代发展的要求做出适当的调整，反对因循守旧。

时代在进步，生产力在发展，乡村环境的现状已经与过去有了很大的不同。乡村居住环境的建设也需要一些推陈出新的发展理论、政策法规来推动和支撑。

目前，随着乡村经济的发展和乡村面貌的逐步改善，新的需求必将被提出，相应的乡村发展指导理论也正在逐步完善之中。

7.5 乡村居住环境建设需要更长远的发展战略

古人云："惟自古不谋万世者，不足谋一时；不谋全局者，不足某一域。"意思是：长远目标不明确，阶段目标就无从把握；全局目标不明确，局部目标就无从把握。

长远的乡村发展战略是乡村居住环境建设的指路明灯，指引着乡村环境建设的发展方向。只有确立更加长远的发展目标和发展战略，才会让乡村环境的建设者们更加坚定地走在当前的发展道路上。

"土地的集约化经营""城镇化"等发展策略是目前实行的主要战略。这些战略的实施为乡村发展带来许多发展契机的同时，也派生出一些新的问题。

比如：土地的集约化经营使大量村民赋闲，其中的一部分人逐渐失去了创造物质财富的能力；集约化经营使部分村民成为雇工或雇农，另一部分人则逐渐失去对土地的使用权。

城镇化对乡村环境的影响更大。随着乡村中大量青壮年劳动力向城市转移，乡村中出现了大规模的"空巢"现象。"空巢老人""留守儿童""留守妇女"等现象产生了一系列的社会问题。另外，城镇化的过程中，社会保障和社会福利制度的短板也表现得非常明显，比如：乡村老人的养老问题、村民的最低生活保障问题、儿童的教育问题与婴幼儿的照管问题都是急需解决的。

总之，未来乡村居住环境应当朝着宜居、稳定和繁荣的方向发展。适当的居民数量与更高的居民素质是总体发展方向。笔者坚信，乡村的总体发展与进步主要依靠科技和生产力的进步。随着乡村的大发展，更多赋闲的乡村居民将进入城市生活，成为城市居民；而留在乡村工作和生活的村民，其综合素质也会得到较大提升。这些留在乡村的居民，主要从事乡村土地的集约化经营。

参考文献

［1］ 常怀生. 环境心理学与室内设计[M]. 北京：中国建筑工业出版社，2000.

［2］ 林玉莲，胡正凡. 环境心理学[M]. 2 版. 北京：中国建筑工业出版社，2006.

［3］ [日]高桥鹰志＋EBS 组. 环境行为与空间设计[M]. 陶新中，译. 北京：中国建筑工业出版社，2006.

［4］ 徐磊青. 人体工程学与环境行为学[M]. 北京：中国建筑工业出版社，2006.

［5］ 杨公侠. 视觉与视觉环境[M]. 2 版. 上海：同济大学出版社，2002.

［6］ 童庆炳，程正民. 文艺心理学教程[M]. 2 版. 北京：高等教育出版社，2011.

［7］ [美]凯文·林奇. 城市意象[M]. 北京：华夏出版社，2001.

［8］ 余卓群. 建筑视觉造型[M]. 重庆：重庆大学出版社，1992.

［9］ [日]芦原义信. 外部空间设计[M]. 何晓军，译. 北京：中国建筑工业出版社，1985.

［10］ [德]库尔特·考夫卡. 格式塔心理学原理[M]. 李维，译. 北京：北京大学出版社，2010.

115

[11] [美]阿尔伯特 J 拉特利奇. 大众行为与公园设计[M]. 王求是，高峰，译. 北京：中国建筑工业出版社，1989.

[12] [美]鲁道夫·阿恩海姆. 艺术与视知觉[M]. 成都：四川人民出版社，1998.

[13] 钱家渝. 视觉心理学. 视觉形式的思维与传播[M]. 上海：学林出版社，2006.

[14] [美]克莱尔·库珀·马库斯，卡罗琳·弗朗西斯. 人性场所——城市开放空间设计导则[M]. 2 版. 孔坚，孙鹏，王志芳，等，译. 北京：中国建筑工业出版社，2001.

[15] 诺伯舒兹. 场所精神——迈向建筑现象学[M]. 施植明，译. 上海：华中科技大学出版社，2010.

[16] [美]戴维·迈尔斯. 社会心理学[M]. 侯玉波，乐国安，张智勇，等，译. 北京：人民邮电出版社，2016.

[17] 李彬彬. 设计心理学[M]. 北京：中国机械工业出版社，2013.

[18] 柳沙. 设计艺术心理学[M]. 北京：清华大学出版社，2006.

[19] 潘菽. 潘菽心理学文选[M]. 南京：江苏教育出版社，1987.

[20] 柳沙. 设计心理学[M]. 上海：上海人民美术出版社，2009.

[21] 张明. 走进多彩的心理世界——心理学入门[M]. 北京：科学出版社，2004.

[22] 符国群. 消费者行为学[M]. 北京：高等教育出版社，2001.

[23] 谌凤莲. 跟建筑大师学室内设计[M]. 成都：西南交通大学出版社，2015.

[24] [美]唐纳德 A 诺曼. 设计心理学[M]. 何笑梅，欧秋杏，译. 北京：中信出版社，2012.

[25] 谌凤莲. 环境设计心理学[M]. 成都：西南交通大学出版社，2016.

[26] 方李莉. 费孝通晚年思想录[M]. 长沙：岳麓书社，2005.

后 记

此书从构思到完成，经过了三年多的时间。

回想起来，笔者写作此书的缘由主要有四个。

一是由于国家越来越重视乡村经济的发展，越来越重视乡村居住环境的治理。在这样的大背景下，需要一些研究者来从事相关的理论研究。

二是由于笔者生于农村，对乡村环境比较熟悉，对乡村环境的变化也比较熟悉。再加上对乡村生活的喜爱之心、对乡村居民的关爱之心从来不曾消失过，在做各项研究的时候心中常想为乡村的居住环境建设做点贡献。

三是由于笔者常年从事环境设计理论的教学与研究工作，对于城乡规划、建筑设计、艺术设计等专业领域都有所涉猎。所以，自认为对于乡村居住环境评价体系的建构可以出一份力。

四是由于乡村居住环境的建设是造福于人民的事情，若本着一颗为人民服务的赤诚之心，一定能够为人民谋到更多的福利。

这本书虽然写作完了，但相关的研究还需要继续。随着社会的发展，新的问题还会出现，有针对性地进行研究将是一个长久的工作。

感谢为此书的出版做出贡献的人们，愿大家安康幸福！最后，奉上这幅笔者绘制的油画——《理想的村居》。画中主要表达了笔者对乡村居住环境建设中乡村交通建设的期待。

理想的村居（30 cm×40 cm）

谌凤莲

2020 年 5 月 28 日